# 慧眼識才

## 知人善任的用人之道

劉瑩 著

管理是一門藝術，**用人同樣也是一門藝術。**
身為管理者，要有一雙識人的慧眼，
仔細觀察你的下屬和周圍的人，
看看哪些是有真才實學的人，哪些是可塑之才

# 作者的話

一個管理者各方面的才能，並不一定都要高於下屬，但用人方面的才能卻要出類拔萃。知人善任，活用人、巧用人、用好每一個人，這是管理者成功的一個關鍵因素。關於這一點，劉邦有句經典之言：「運籌帷幄，我不如張良；決勝於千里之外，我不如韓信；籌集糧草銀餉，我不如蕭何。但他們都被我所用，這就是我得天下的原因。」劉邦之所以能得天下，其主要原因是因爲他善於用人，能集他人所長爲己所用。

如此看來，能否輕輕鬆鬆當領導，關鍵在於用人。管理是一門藝術，用人同樣也是一門藝術。掌握用人之道，可以從以下十條入手：

**一、慧眼識才，悉心育才**。身爲管理者，要有一雙識人的慧眼，仔細觀察你的下屬和周圍的人，看看哪些是有眞才實學的人，哪些是可塑之才。如果確實是人才，就量才加以提拔任用，如果是可塑之才，就要平日多多加以指點和培養，以備後用。

**二、不拘一格，知人善任**。用人過於僵化和拘謹，會使下屬失去積極性和創造力，間接地阻礙了你事業的發展。「變則通，通則久」，用人也是如此，要根據形勢的變化來轉變用人的方法。把人才用在適合他的位置上，使其充分發揮自己的能力，從某種意義上講，就是在減輕你自己的負擔。

**三、合理授權，指揮若定**。管理者切忌抓住權力不放，生怕被別人搶去，應當要合理授權。合理授權，是指管理者把本來屬於自己的一部分權力委授給下屬，指明工作目的和要求，並爲其提供必要的條件，放手讓下屬努力完成工作任務的一種管理方法。既已授權，就不要對其過於干涉，但授權要有度，要留有指揮權和監督權。這樣，你就能從繁瑣的事務中解放出來，坐鎮指揮就可以了。

**四、恩威並施，賞罰分明**。「恩」和「威」是用人的兩種方法，「賞」和「罰」是用人的兩種制度。「恩」可以顯示出領導者的仁義，「威」可以樹立管理者果斷威嚴的形象，「賞」可以激勵下屬的積極性，「罰」可以使下屬記住教訓，從而能促使其更謹慎踏實地工作。

**五、以身作則，樹立威信**。管理者如果要求下屬們八點上班，可自己卻十點以後才到，久而久之，下屬們就會認爲這個制度只是個形式，他們在工作上就會變得懶散。做爲管理者，要求下屬們做到的事情，自己要首先做到，這樣才能在下屬中樹立威信。

**六、放下身段，關心下屬**。管理者如果每天擺出一付高高在上的架式，在心理上有極高的優越感，下屬們就會不敢和不願接近他，很多事情也無法溝通，會極大地影響工作。其實，管理者在工作之時，只要稍微保持一點威嚴即可，切不可過於嚴肅。在工作之外，管理者和下屬應是一種朋友關係，要經常關心下屬的生活狀況，處處替下屬考慮，及時幫助下屬解決生活上的困難。只有這樣，才能贏得下屬的尊重，並有利於管理工作的順利開展。

**七、曉之以理，動之以情**。當管理者想網羅人才時，當管理者想安排下屬去做他不情願去做的工作時，當管理者在處理下屬間的矛盾時…，這時，管理者要做到「曉之以理，動之以情」。每個人都有自己的理性和感性，想說服某個人，就要從這兩方面入手，做到「情理相依」，這樣才會達到理想的效果。

**八、疑人也用，用人也疑**。常言道：「疑人不用，用人不疑。」這是有一定道理的。但現在卻流行一個新觀點：「疑人也用，用人也疑」。即使你對某人持有懷疑之心，但如果他是人才，你也可以大膽啓用；即使你已重用了某人，但也一定要保持適當的戒心，否則容易在過於信任上吃大虧。

**九、容人之短，用人之長**。人的成長受多種因素的影響和制約，因此諸方面發展是不平衡的，必然有所長和有所短。一個人如果沒有缺點，那麼他也就沒有優點。現實的情況是：缺點越突出的人，其優點也越突出，有高峰必有低谷。一個管理者在用人時，若能有「容人之短」的度量和「用人之長」的膽識，就會找到幫助自己獲取成功的滿意之人。

**十、集合衆智，無往不利**。「集合眾智，無往不利」，這是松下幸之助先生窮七十年功力悟出的至理名言。的確，在一個企業中，最重要的就是挖掘人才、利用人才。一個人的才幹再高，也是有限的，且往往是長於某一方面的偏才。而將眾才爲我所用，將許多偏才融合爲一體，就能組成無所不能的全才，發揮出無限巨大的力量。這是用人之道的最高境界。

如果做到了以上這些，並結合自身的特點加以運用，你就會成爲一個出色的管理者。但是切忌要注意一點，不要對所學的知識囫圇吞棗、機械效仿，要學以致用，在實踐中逐步完善自己，樹立起有自己特色的領導風格。

# 目錄

CONTENTS

用人七絕

CONTENTS

用人七絕

CONTENTS

## 第三絕　以勢相激

用人七絕

CONTENTS

用人七絕

CONTENTS



## 第六絕 情理相依

CONTENTS

用人七絕

CONTENTS

用人七絕

第一絕

# 捷足先登

Chapter 1

捷足先登是用人方法的重要技巧之一。

它要求領導者在發現人才時要獨具慧眼，在使用人才時要果敢決斷，

這樣才能贏得最終的勝利。掌握這一項用人策略，

就可以利用人才強大的潛能與競爭對手相抗衡，

在最短的時間內搶佔先機，奪取勝利。

反之，則會先機盡失，

甚至浪費人力資源，阻礙自己事業的發展。

人才就像千里馬，是能助你馳騁商場的好幫手。在分秒必爭、強者生存的競爭模式中，優秀的人才是眾所矚目的焦點，誰能夠洞察先機、延攬人才，誰就打開了通往勝利之途的大門，在強手雲集的商戰中，就多了一張致勝的王牌。

「捷足先登」用人術講的，就是「快」和「果斷」。

「不論自己本身的能力多強，如果缺乏果斷，便無濟於事，亦即必須具備足以吸引人的條件，方能成爲一位優秀的領導者。」

但，怎樣才能算有果斷力呢？因素很多，例如「單純明快」便是其中之一。

爲什麼單純明快的人較有魅力呢？最大的理由是，他不會有所迷惑。

多數人在面臨某種決策時，不論如何判斷和對應，都無法立即找出應對的方法，甚至因迷惑而不知所措，直到限定時間已屆，才勉強提出自己也沒有信心的辦法。

人才就是千里馬，如果你沒有單純明快的性格，沒有雷厲風行的果斷決策，就會失去機會，失去機會就意味著失去人才。在競爭激烈的現在，誰搶先時機，誰就會多一份勝算。

中國歷史上的項羽，就是由於猶豫不決、常常沒有個人的主見，才遭到烏江自刎的下場，鴻門宴是項羽一生中最重要的轉捩點，項羽不忍對劉邦下殺手，是所謂的仁心害了他，這也是他沒有果斷魄力的證明，如果他捷足先登的話，他的命運就會改變。

因此，我們把「捷足先登」用人術作爲用人第一絕，其重要意義在於，浪費人才、浪費時機

是阻礙事業發展的一大疾病，因爲優秀的人才是每個人矚目的焦點，誰能夠洞察先機、搶到人才，誰就會是如虎添翼一樣所向無敵。

# 1 先入為快奪先機

李宗吾先生曾在其大作《厚黑學》中提及：三國時代英雄輩出，尤以曹操、劉備、孫權三人爲首，三人之中，曹操心最黑，劉備臉皮最厚，孫權慣於見風轉舵。雖然李先生之言有所偏頗，但不可否認，這三人的確堪稱爲亂世的英雄豪傑，他們都是政治軍事集團的首領，其所採用的策略，都包含著令人欣賞的用人藝術。

劉備三顧茅廬而得良相諸葛孔明爲之效命的典故，是流傳千古的佳話，此被後世的領導者奉爲禮賢下士、求賢若渴的絕妙範例。諸多渴望得到「千里馬」的領導者，時時都以劉備爲榜樣，不惜自降身份，竭盡所能地網羅賢才。相反地，一些平庸的領導者則仍愚昧地對部屬亂發脾氣，留不住良才漸行漸遠的心，連一些跟隨他多年的部屬，都不得不黯然離去，其失敗皆是咎由自取。

當時劉備採納徐庶的建議，自己又耳聞孔明的賢能，便決心請孔明輔佐自己的事業，但好事多磨，一切並沒有如他預期般順利。當他第一次眞心誠意地到隆中——孔明的隱居地去，想延攬孔明投入他的麾下時，不巧正值孔明外出，他苦苦等待多時，才怏怏不樂地打道回府。

幾日後，大雪來襲，劉備聽說孔明在家，便忙不迭地想要親自前往拜訪。其結義兄弟張飛是一員武將，並不懂得所謂用人的道理，見劉備如此重視一名儒生而怠慢結義的他，便口出怨言，

而劉備卻深知孟子所云：「欲見賢而不從其道，猶欲經入而閉之門也」的道理，他對張飛曉以大義後，便和關雲長、張飛三人冒著大雪到隆中去拜訪孔明，但仍然陰錯陽差地沒能如願得見孔明一面。

劉備並非半途而廢之人，他一心想重振漢室，成就一番豐功偉業，自然渴望得到賢臣良將的幫助，對孔明這種千載難逢的人才，更不會輕言放棄。於是他又不厭其煩的第三次親臨茅廬拜訪，歷經周折，終於得償夙願。後來事實證明，孔明的確是一代謀臣，他有感於劉備的知遇之恩，「鞠躬盡瘁，死而後已」地爲劉備建立蜀國，立下蓋世奇功與流傳後世的美名。

時間是一項寶貴的資源，無論領導者採取何種決策，都必須考慮時間的因素。在發現人才和使用人才時，領導者處處都要先入爲快、奪得先機。三顧茅廬正是以時相應的用人術，而劉備不惜屈尊降貴，也成爲後輩領導者的表率。

## 2 伯樂才能尋得「千里馬」

想要創建一番事業，一定要有出類拔萃的人才輔助。桀驁不馴的烈馬能跑千里之遠；被平庸短視者譏笑的有才之士，能夠創出一番事業。那些征戰沙場、日行千里的良馬，和那些放蕩不羈又能有所作爲的人才，如何能展現其不凡的一面，全因駕馭他們的人懂得善用技巧而已。

唐代大文豪韓愈在《雜說》第四章中講述的，就是如何識人和用人。他認爲，世界上因爲有了善於識別良馬的伯樂，然後才會有千里馬，千里馬隨處都有，但識馬的伯樂卻不多見。所以那些疾馳的好馬，也只能在愚蠢的庸才手中受屈辱，老死在馬棚，始終無法將自己的長處顯現出來。能日跑千里的馬，一次就要吃一石的穀子，而不識良馬的人卻不知道它有這樣的本領，不按千里馬的食量去餵飽它，雖然是千里馬，卻因爲沒有力氣而無法顯現出日行千里的能力，連引人注目的俊美毛色，也會日漸暗淡無光。因爲和一般馬的待遇一樣，無法使它養精蓄銳、大顯身手，所以最終只能落得像病馬一樣被人遺棄的下場。

駕馭它卻無法使它把最優秀的長處展示出來，餵養它時又不能滿足它的食量，聽到它的嘶鳴，也分辨不出它的特異之處。而這些庸人卻還在一旁哀聲歎氣地對別人說：「天下哪裡有千里馬呢？」難道眞的沒有嗎？不是，其實是他根本就不認識千里馬。

現今企業中，有許多領導者缺乏發現人才的能力，即使有一些很不錯的人才，也因爲領導者

的優柔寡斷，沒有果斷的能力，致使錯失一些可爲他用的良才，甚至被同行搶先攬獲，形成對自己不利的局面。

選用人才要勇於冒風險，要具有人才風險意識。有膽識承擔用人風險的人，才能在瞬息萬變的商戰中拔得頭籌。中國有句古話：「富貴險中求」，從今天詭譎的商業戰場上來看，這也不是毫無道理的。

二十世紀六十年代，香港一家電子公司的經理，看準了程式控制電話交換機有巨大的潛在市場，於是決定大額投入資金生產。由於該公司沒有這方面的專業技術人才，他便三番兩次地到另一家公司去聘請一位研究專員，此人一開口就提出要一棟豪華別墅，還需要補償原雇主六萬美元的損失。那位經理當場就和對方簽訂合約。當時一棟別墅要十多萬美元，如果失敗了將是很大的損失，但這位經理卻看準了此人爲可用之才，且當下是最適當的時機，於是毫不猶豫地將他延攬過來，後來在這位研究專員的奮發努力下，終於成功研發出一種新型的程式控制電話交換機，投入市場後供不應求，產品更遠銷到歐美各地，這家公司也因此成爲最大的市場佔有者。

對於特別優秀的人才，領導者要敢於承擔聘用的風險。人才決策和其他決策一樣，不可能有絕對成功的把握，只要有一半的成功率，就可以放手一搏。法國一家大公司的主管曾說過：「引進三個人才，只要有一個發揮作用，就算成功。」這話很有道理。一個優秀人才所創造出的利潤，足以抵消十個不成器的人所造成的損失。如果你持有引進人才就絕對要成功的想法，反而會

失去更多的人才，有些難得的人才也會因此而被你拒於門外。

許多決策者的通病，都是不能夠在用才上掌握時機，沒有「千里馬」時，叫嚷著要走遍天下尋訪「千里馬」；有了「千里馬」時，卻又怕「千里馬」名不符實，不敢重用，以至於造成損失時才追悔莫及。

## 3 掌握時機先「下手」

中鋼公司創辦人趙耀東先生，是位有膽識的商人，他在公司創建之初，便四處尋訪可造之才。爲了在競爭激烈的商場上有一席之地，他把當時臺灣許多赫赫有名的建港、建廠、採購、貸款、管理等方面的高手，都延攬至自己麾下，大家群策群力的結果，造就了中鋼公司蒸蒸日上的發展。

當時，財經界有四大怪才，個個能力超群，但脾氣卻十分古怪。其中一位劉曾適先生，他是業界公認的「建廠高手」，但脾氣也出奇的古怪。雖然很多人批評他的壞脾氣；但卻更多人欣賞他頭腦冷靜、思維縝密的個性，許多大公司莫不趨之若鶩地，想將他網羅到自己門下，趙耀東先生更是整天打著如意算盤，策劃著如何延攬這位不可多得的良才。

登門拜訪劉曾適先生的人很多，但不是由於時機不當，便是在言談之間觸怒了他，大家都空手而回。趙耀東深知商場如戰場，也深知挖掘人才要把握時機的技巧，所以他仿效劉備三顧茅廬，九訪基隆，終於打動了劉曾適先生。如果是不懂用人之術的商人，一請二請不到時，便會主動放棄，但趙耀東先生卻深知「千里馬難得」的道理，多次拜訪無效之後，仍然沒有死心，第九次登門相邀的時候，劉曾適先生終於被他的眞誠所感動，應承了這位鍥而不捨的「怪老闆」。事後，趙先生驕傲地宣佈：「辦中鋼這樣大的實體公司，最重要的就是選用人才。」

趙先生確實將用人之術的精髓，拿捏得恰如其分，他邀請臺灣政商奇才陳世昌先生時，也是經過精心的策劃與一番波折。這個故事後來傳爲臺灣商界的美談。陳先生在籌集資金方面具有獨到的能力，許多有名氣的企業家，都公認他的借錢術是世界第一。試想一個大公司，假如沒有融通資金的能力，銀行界不賣面子支持，又如何能夠調度自如、盡全力發揮呢？當然，這匹「千里馬」也被趙耀東先生看中了。

求取賢才需要誠意，關鍵之處還是在於準確的掌握時機。一旦你手中握有良才，就要讓其發揮作用。就像趙耀東先生一樣，如果他對陳先生聘而不用，不但會使其一展特長的希望落空，而且還得付出一大筆薪資，這是非常不划算的。尤其是一個小型企業，好不容易請出一個大人物來協助，結果卻浪費了人才，絲毫沒有起任何作用，就經濟效益而言，是莫大的損失。但是趙先生畢竟是一位很有頭腦和智謀的領導者，他不僅在適當的時機聘用適當優秀的人才，而且讓他們各自發揮所長，爲自己的事業打下了堅實穩固的基礎，也爲後起之輩立下了「知人用人」的榜樣。

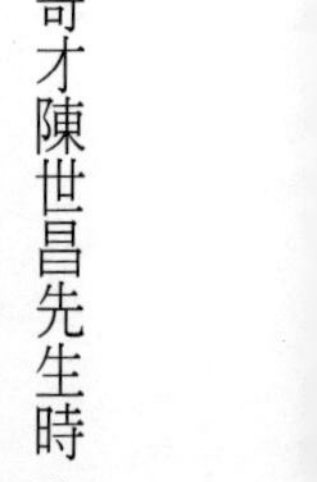

## 4 以誠信得賢才

西元前四〇三年，韓、趙、魏三家瓜分了晉國，歷史上稱爲「三晉」。在「三晉」之中，魏國最爲強盛。

魏文侯是一個賢明的君王，他把搜尋人才當作最重要的政事，牢牢記住。他以誠實、守信爲立身之本，以朋友的身分和賢人相處，從來不擺國君的架子。

魏成子知道段干木是位賢才，推薦給魏文侯。魏文侯聽魏成子說，段干木才能出眾，是位賢者，平生不爲利祿權勢所引誘，隱居在西河鄉下，不願意出來做官，就親自帶著隨從前去求見。

魏文侯乘坐著高頭大馬拉著的華麗車子，隨從們騎著駿馬、舉著鮮明的旌旗，浩浩蕩蕩進了西河這個小地方，一直找到段干木的門前。魏文侯親自叩門。

段干木看到魏文侯的車子駛向自己門前，趕快跳過後牆躲避起來。

第二天早晨，魏文侯又來到西河，把車子停在村邊，下車步行到段干木的門前求見，段干木又躲起來不見。魏文侯歎息：「此人眞是不爲名利所動的高士呀！」

從此，整整一個月，魏文侯每天都親自前往求見。

鄉下的老百姓都開始罵段干木端臭架子了。

段干木看到魏文侯這樣誠心實意，很受感動，只好出來相見。魏文侯又請他一同乘車回都城

共商國事。此後，魏文侯以客待段干木，以師事之。

四方賢士聽說這件事，都前來投奔。魏文侯量才錄用，賢士高人濟濟在朝。秦國屢次想發兵攻打魏國，但一直畏懼魏文侯手下多賢人，不敢輕舉妄動。

魏文侯和賢人相處，最講究信用。有一天暴雨驟降，魏文侯在宮中宴請群臣，時至中午，君臣酒興未艾，暴雨還是下個不停。魏文侯問：「現在到了什麼時間？」

左右侍從回答：「已經到了中午！」

魏文侯毫不遲疑地站起來，催促隨從快去備馬車，要出去打獵。

大臣們勸說：「天下著大雨，不能打獵，不要去空跑一趟！」

魏文侯說：「寡人已經和旁人約好，今天中午一塊去打獵，他一定是在郊外等著我了，雖然雨天不能打獵，但是怎麼能不去赴約！」說完，他就帶著隨從登上馬車，很快就消逝在白茫茫的雨簾之中。

大臣們感慨道：「君王這樣守信用，國家怎麼能夠治理不好呢？」

魏文侯以誠信得賢才，卜子夏、田子方之屬，吳起、樂羊、西門豹之徒皆聚於魏。魏文侯還在豐收年分，把糧食由國家平價買進，荒年時再平價賣給老百姓，實行這種辦法之後，老百姓生活安定，努力發展生產，魏國很快速富強起來，成爲戰國初期的一大強國。

## 5 及時培養人才

用人是一種積聚人力資源而產生爆發力的過程。在當今高科技日新月異發展的情勢下，僅憑學校學得的知識，並不足以應付社會的需求，許多實際的工作能力，需要從生活中歷練而得。優秀的領導有義務讓部屬接受更精深的在職教育，如此才能避免青黃不接的危機，領導者除了要正確認識擇才和用才的必要性外，還要留意培育人才的重要性。「選人必須用人，用人必須育人」，培養人才是爲了能更善用人才。一名有戰略眼光的領導者，必定重視對部屬的智力投資，協助部屬開發潛能，爲自己籌備源源不絕的後備力量。

現實生活中，有的領導總認爲某一位部屬只適任某個職務，若換了職務，可能就無法發揮；或者認爲某員工以前做什麼，現在就該做什麼，根本沒有考慮過該作合理地調配，與及時發現部屬最大的潛能，並且時常對部屬的合理建議不予理會。殊不知人才培養也是一種投資。一項統計資料顯示，美國在二十世紀前六十年的時間，致力於改進設備的投資，僅獲得三點五倍的利潤；而對人才方面的投資，卻使得利潤增長十八點六倍。由此可見，重視人才的培養和使用，掌握先進的用人術，不僅能夠激發部屬的能力發展使公司獲利，更符合企業本身的長遠規劃及利益。

司馬遷在《淮陰侯列傳》中，曾談及韓信對西楚霸王項羽的評價：項羽待人恭敬和悅，見下屬有病，便流著眼淚前去慰問，但每當下屬立了戰功，應當封爵賞地之時，卻吝於分出自己的權

益來授予有功之臣，他將印信握在手中，再三摸撫，以致印角都磨平了，還不肯釋出兵權，這便是如同婦人般的淺見。正因爲項羽不能充分掌握用人之術，導致像韓信之輩的人才，一個個背楚歸漢，最後落得烏江自刎的悲慘下場。

及時對立功的部屬進行獎勵，是領導必須確切掌握的用人技巧，惟有如此，領導才能在極短的時間內，激發部屬的上進心，讓他們感受到你的關注；領受到自我價值已充分被肯定，進而發揮更好的成績，這同時也是對其他員工的一種鞭策和鼓勵。及時論功行賞是極其重要的一步。一旦事過境遷，鼓勵便失去原有的意義。

表揚部屬時，要講究語言和行爲的技巧，有些人並不喜歡領導只當眾說幾句華而無實的讚美話；有些人只消幾句讚美便能心滿意足。因此，領導要根據部屬成績的影響力，採取適當的讚美方法。比如一個欣賞的眼神、一個肯定的手勢，或當著眾人的面走過去拍拍他的肩膀等，都會使部屬湧起一種榮譽感和知遇感，有助於往後工作及業績的順利開展。另外，領導對於才華橫溢的部屬要作合理的調度，一旦他的工作能力被證實，就要果斷且及時地安排其適當的職位，防止大材小用或才情轉移的情況發生，爲公司造成不必要的損失。這種及時拔擢賢才的用人方法，是對部屬工作成績的最大鼓舞，對公司的發展也有很大的裨益。

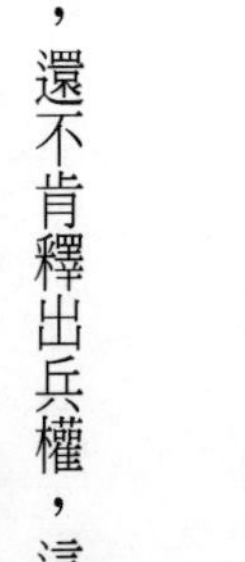

## 6 慧眼識英才

唐朝初年，唐皇李世民勵精圖治，又獲得一些忠心耿耿的大臣們輔助，所以唐朝治安穩定，法治蔚然成風。李世民胸懷大志、知人善任，他以最短的時間得到良相魏徵輔國的成功實例，使用人術發揮到極致。

初時，魏徵爲李密、竇建德的幕臣，後來又輾轉投至太子李建成手下，任「洗馬」一職。李世民知道魏徵是個上知天文、下知地理的鴻儒，是輔佐帝業的良相之材，於是一心想延攬魏徵。當時魏徵輔助太子李建成，他看李世民羽翼日豐，威望日盛，深怕將來有一天會成爲太子的心腹大敵，便竭力勸李建成殺掉李世民，確保來日能順利登上皇位。

玄武門之變後，李世民順利登基，成爲歷史上赫赫有名的唐太宗。李世民在審問魏徵時責備他：「你離間我們兄弟，現在還有什麼話說？」魏徵直言以對：「如果太子早聽從我的勸告，我和他就不會落到現在的下場。」李世民極欣賞他的剛直不阿，是難得的人才，就委任他爲諫議大夫，負責提意見給皇帝，後來又晉升爲宰相。

有一次，皇上大宴群臣，李世民有感而發地說：貞觀以前，從我登上皇位那段時間算起，功勞最大者當數宰相房玄齡；貞觀以後，敢於進忠言、諫是非，爲國家長遠利益效力最甚者，惟有魏徵一人而已。說完並解下自己的佩刀，當場賜給這兩位後來千古留名的宰相。當魏徵不幸病逝

時，李世民痛哭流涕，認爲自己不僅損失了一面「知得失」的鏡子；朝廷也失去了一位股肱大臣，由此可見他對魏徵的器重。所謂「忠言逆耳」，職位越高的領導，更加迫切需要直言進諫的部屬，尤其是從事行政工作的領導者，更需要這類人才的輔助，才能做到兼聽則明的效果。

李世民是中國古代帝王中，難得的賢明仁君，擅長知人善任，致令中國歷史出現了「貞觀之治」的太平盛世。他對於徒有其表的人非常不以爲然。有一次，他命朝臣封德彝舉薦人才，卻許久沒有回音。李世民後來責問他原因，這位官員仍振振有詞地辯白：「並不是我沒有盡力尋找，而是當今天下沒有賢才。」李世民大怒，痛斥道：「優秀的首領用人才，就像使用自己熟悉的武器一樣，知道長處在什麼地方。古代那些大有作爲的統治者，誰不是得賢才而使國富民強呢？你自己沒有這個才能也就罷了，爲什麼還要說天下沒有人才？」

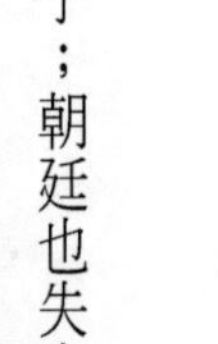

## 7 運用謀略招賢才

在日本的娛樂行業中，「ZACOM」是聲譽卓著、專門開發電視遊樂器的公司，這家公司領導者之特立獨行的作風，由其刊登於徵才雜誌上的廣告便可見一班。

其徵才廣告以「前科犯大集合」爲標題，這幾個令人驚心肉跳的字眼，很容易挑起求職者的好奇心，進而想到其公司一探究竟，這家公司是專門招收那些有不良紀錄的人員嗎？還是別出心裁地玩文字遊戲？

繼續看下去，求職者會發現一幅玩具黑猩猩鼓手被拆得支離破碎的圖片。旁邊還有一行醒目的小字：「我的前科紀錄」。接著便列出了種種「不良」的行爲。

**三歲**——初犯，我把姊姊最心愛的洋娃娃拆壞了。

**十歲**——悄悄肢解哥哥的電晶體收音機，因爲無法將它復原，被哥哥發現後痛打一頓。

**十三歲**——進入中學，把爸爸慶祝我上中學而買的手錶拆開，當場被老爸痛打一頓……

第二年，公司的徵才廣告詞是：「考試得鴨蛋也無所謂」，結果應徵的人員蜂擁而至。雖然廣告詞語標明了低標準，但前來的人員均有某些特長，那些好奇心強、想像力豐富並且富有創造力的年輕人，都急於想到這家公司發展，反而沒有庸才前來應徵。

今日的社會，是人才決定事業成功與否的社會，一個想成就大業的領導者，在招才時一定要恰當地運用謀略，運用謀略，才能使眞才聚集在你的門下。

## 8 不看資力看能力

歷朝歷代，賢明的宰相都善於發掘人才和運用人才，他們明白「後生可畏」的道理，也深知人才要隨著時代的變遷不斷更新，優勝劣汰是自然的法則。

寇準是北宋著名的政治家及軍事家，位居宰相。他在任職宰相期間，用人準則完全按照他的經驗，跳脫傳統的老套做法。拔擢人才委以重任時，他不看資歷和家庭背景，只看個人的特徵是否適任其職，只要適合其職，不論是皇親國戚，還是一介平民，都同樣重用，而他網羅任用的人才，也果眞都有好成績。

一次，朝廷的一位小官員拿著等級簿給他看，想要諫言他不要壞了祖先用人的規矩，寇準回答道：「宰相之職責在於爲皇上選拔優秀人才，撤換尸位素餐的庸才冗員。若只按照資歷及背景去選拔，一個普通的小官員就能辦好，那還需要宰相去擇才嗎？」

「以時相就」的用人術，即言領導者要掌握時機，該快時就要加快節奏，該慢時就要慢慢琢磨。網羅人才需要領導者的智慧和眼光，有些時候，並非速度快就能夠讓選拔的人才發揮最大的作用。

作爲領導者，必須明白人才更替的道理，每個人有每個人的專長，每個人都能在適合的職位上有所發揮。世界上沒有無所不能、無所不精的人才，有些人也許能在自己專長的領域中有好的

表現，但時間過長，就會出現彈性疲乏的狀況，這時就需要新的人才來代替他的工作。對於一個企業的領導者而言，惟有隨時發掘人才，才是長遠之計。日本的實業家認爲，部門經理的任期以十年爲最佳，任職時間太短，會無法讓其發揮特長，容易辜負領導者的期望；任期太長，又會容易產生疲乏和驕橫的心態，此時領導便要及時調整他們的工作職位，才能重新激發他們的工作效能。

如果你是一個經營者，決定要辦一件事，首要工作是必須找出適合的人員來承辦，在這現實世界中，要找出一個十全十美的人是不可能的。只要你覺得某人能夠做到你所要求的八成，就可以讓他來負責此事。如果時間允許，你可以慢慢再找一個更好的人選，不過這需要花費相當的時間和精力。現實生活中，一般無法做到這一點，因爲商機往往稍縱即逝，時間是相當寶貴的，只要你確定人選，用誠懇肯定的態度去打動部屬，讓他能竭盡心力發揮潛能，這樣才會收到預期的效果。

古代的宰相專門負責爲國家拔擢人才。今日的領導階層也應該培養這方面的專長，因爲你不可能事必躬親，大多數具體的工作，就應該果斷地交給部屬去實行。經過你自己考核合格的部屬，就不應該懷疑他的工作能力，要讓部屬充分發揮。

居於高位的領導者，由於部屬賢能與平庸雜處，有才能的人又經常遭人嫉妒、詆毀，自然不易發現他們。這種情況下，領導就必須要有豐富的選人、用人經驗，要學習如何能夠在一群馬中

找出千里馬來，就像「毛遂自薦」典故中的平原君一樣，雖然先前沒有發現毛遂的優點，但在關鍵時刻仍能重用他，最後幫助自己完成任務。

我們從小就知道，每艘船都需要一位船長。經營企業的老闆好比是掌舵的船長，企業一旦群龍無首，就成了「沒有船長的船」，失去航行的依靠。在目前凡事分工的時代中，任何船長都需要一大批精明能幹的水手來輔助，有了頭腦敏捷的大副、二副和三副各自堅守崗位，船隻才能穩穩當當地航向彼岸。

## 9 破除教條巧用人

美國最大的個人電腦經銷商Dataflex聞名全世界，它以部隊式的嚴格管理、優厚的傭金回報爲條件，將一些沒有特殊背景的員工，培訓成出色的電腦推銷員。

該公司的總裁羅斯，便是一名善於用人的高手。他有一整套激勵員工上進的方法，例如，在公司的牆上貼著激勵人心的標語：「你是第一流的人才」、「公司發薪時，你千萬要提醒財務人員，不要對你大筆的傭金數目感到驚訝」等。

每到夏天，公司都會舉辦聚餐，總裁每次都一定會參加這些活動，還親自參與員工們的烤肉，他的目的是爲了要與員工溝通感情，拉近彼此的距離。此外，公司的內部管理也相當嚴格，每一位被推選到領導階層的儲備幹部，都要接受資深員工的考核，就是在每星期五的下午，接受他們公開的批評。雖然這樣的方式對那些確有才能的人而言是很難接受的，但他們若能夠泰然處之，並且虛心接納意見、謀求改進，這也是羅斯總裁對於任用高級幹部的特別評鑑方式。

羅斯善於發掘每一名員工的優點，知道他們適合在哪個部門工作，而且一旦決定由誰去做某件事後，就不再更改。他經常對員工說：「時機是難以捕捉的東西，要在千分之一秒的時間內感應到它的存在，然後迅速的做出決策。」公司的業務員每天早上要召開兩個小時的例行常會，從介紹公司的最新產品，到如何激發個人潛力的演講等，內容應有盡有。

我們都知道金錢的重要性，薪水的高低，往往會影響部屬工作的積極度和責任感的多寡。金錢是刺激欲望的利器，優秀的人才當然也渴望豐厚的回報。如果你是一名經驗豐富的推銷員，同時又有兩家公司向你提出邀請，你會如何選擇呢?首先你會考慮的是薪水的多寡，然後比較公司的發展性、前瞻性，及誰最先向你提出任職要求，看看哪家公司能夠在短時間內贏得你的認同，引起你的參與意願。正如羅斯所說的擇人標準一樣，「我們要找的是企圖發財、金錢欲望強烈的人」。

這家電腦公司的業務人員沒有底薪保障，採行從業務中提撥佣金的制度，每位業務員的平均年收入是十八萬美元，其中不乏有哈佛商學院的企管碩士。現在公司最優秀的推銷員年紀非常的輕，甚至還不滿三十歲，四年前被羅斯慧眼相中，那時他還只是一名喜劇演員兼魔術師；另一位表現良好的推銷員，則是在一家私人醫院的見習醫師，後來也被羅斯挖過來，最後成爲超級推銷員。

如果你是一家公司的領導者，不妨經常和員工打賭，以此來激勵員工的士氣。羅斯在用人方面，就經常利用這種方法，他曾用自己的豪宅與轎車和一名女業務員打賭，說她無法創下連續六個月保持六十萬美元的業績。結果這名女業務員信心大增，不但贏得這輛轎車，還創下了每個月一百五十萬美元的業務佳績；另一名員工也因爲打賭而贏得一隻勞力士手錶和一對鑽石耳環。由此可見，用人術的廣泛及多樣，確有無窮的魅力。

## 10 把握人才晉升的尺度

日本一家大財團，想全面裝修旗下的一家飯店，財團的總經理爲使飯店跳脫傳統的制式形象，破例聘請一位大學剛畢業的女子擔任飯店經理，原來的幾位資深主管成了她的部屬，這位女士雖然才華洋溢，但對擔任高級豪華飯店的經理卻仍感生澀，雖然她有信心打開局面，但手下幾位資深經理都不買她的賬，以致這位女子孤掌難鳴，飯店經營得一團糟。而那位不懂得在適當時機任用人才的財團總經理，卻一怒之下免去幾位經理的職務，這位年僅二十四歲的女子深感辜負總經理的重託，黯然離職。

這件事告訴我們一個簡單的道理：傳統按部就班的晉升制度，固然不利於人才成長，但部屬升遷不合時宜、不適當，對工作、對部屬本身同樣沒有好處。領導雖然要有勇氣破例拔擢人才，但也不能貿然行事，要經過適當的培養階段才可行。如此才是成功的用人術。

不論你個人的才能有多好，要成爲一名舉足輕重的高級主管，必須要有相當的經驗，要有協調溝通各種人際關係的技巧；要有處理應付各種複雜問題的知識和能力。如果領導忽略晉升部屬時所必須注意循序漸進的道理，就難免會顧此失彼，爲公司及部屬造成不利的影響。

一般而言，受領導厚愛的人才，都容易招致同事的嫉妒；有時會讓其他部屬不平衡，久而久之，這種氣氛會蔓延到整個公司上下，這樣會影響士氣，使團結合作的工作氣氛變質。

事實上，管理者可以在不立即晉升的情況下重用賢才。並且也讓他明白，雖然他的確有才能，但不能超出晉升的原則，必須等待適當的時機，只要時機成熟，立刻就可以讓他立馬上任。爲了不讓賢才感到失望，雙方可以私下達成一種默契，讓他確信晉升只是遲早的問題。

但大家必須記住，人才晉升太快固然會產生不良的影響，但太慢也可能萌生怠惰、不滿等情緒，甚至造成人才浪費或人才的流失。領導者要把握拔擢人才的「尺度」，這個尺度就是時機，掌握時機才能創造契機，領導者要審慎拿捏。

## 11 勤於考察，才能知才

用人的先決條件便是知人，如果對這人的品德學識沒有相當的認識，隨便濫用，結果不是用了壞人，便是屈了好人。不是大才小用，便是用不得其所，所以知人十分重要。

但是，人是難知的，諸葛亮曾說：「夫人之性，莫難察焉，善惡既殊，情貌不一，有溫良而爲盜者，有外恭而內欺者，有外勇而內怯者，有盡力而不忠者。」

但究竟要怎樣知人，諸葛亮又說：「知人之道有七：一曰問之以是非而觀其志。二曰窮之以詞而觀其變。三曰咨之以謀而觀其識。四曰告之以難而觀其勇。五曰醉之以酒而觀其性。六曰臨之以利而觀其廉。七曰期之以事而觀其信。」

我們看了這一段話，便可知道諸葛亮知人的辨法是如何的詳盡切實了。其實，這不過是大體的抽象說明。他對人才的分析、善惡的鑒別，還有更詳細、更具體的方法。例如他把將才分爲仁將、義將、禮將、智將、信將、步將、騎將、猛將、大將等九種。分將領爲十夫之將、百夫之將、千夫之將、萬夫之將、十萬夫之將、天下無敵之將六種。還有所謂五善八弊等分類。至於合乎這些標準的，好的應該怎樣因材器使，壞的要如何分別處罰，都規定得清清楚楚。

人的能力是蘊藏在軀體之內的，沒有經過非常的試驗，很難看出這人的賢愚，所謂「歲寒然後知松柏之後凋」，絕不像表面的形骸，一看便分辨得出妍媸美醜。因此，社會上很多有能力的

人，因爲際遇不好，沒人賞識，被埋沒風塵，致一生抑鬱，沒法展其長才，眞是可惜。諸葛亮對於這一點是相當重視的。他說：「直木出於幽林，直士出於眾下，故人君選舉，必求隱處。」所以他對於部下，隨時隨地都留心考察，生怕不知道別人的長處。

史載蔣琬和龐統兩人原來都是當縣令的，大概是因爲屈居下位、不滿現狀，所以懶得做事，把縣政搞得一塌糊塗。劉備知道了，要給予嚴厲的處分，後來終因諸葛亮的說情，才免了罪責。同時，諸葛亮還在劉備面前極力稱讚他們是「社稷之器，非百里才」，要劉備重用。結果，龐統輔佐先主，功績不小，爲蜀漢最有希望的能臣。可惜只做到治中從事，即不幸早死。蔣琬後來成了諸葛亮的繼承人，功業卓著。試想，如不是他勤於考察，一個小小縣令，縱有天大的本領，他哪裡會知道呢？

## 12 不拘一格用人才

要做到求才若渴，必定要視野開闊，廣泛察人、選人、用人。證明一個領導會用人的表現，就是他用人不拘一格，千變萬化，因人而用。反之，證明一個領導不會用人的表現，就是他用人拘於一格，沒有變化，死氣沈沈。

近代詩人龔自珍云：「我勸天公重抖擻，不拘一格降人才。」

可是，如果領導用人拘於一格，老天「不拘一格降人才」又有什麼用？

事實上，拘於一格，不敢大膽用人、靈活用人的領導比比皆是。他們的做法，往往使得人才無法出頭、無法盡其所能，間接地使企業失去生機、失去競爭力。

要想避免失敗，避免企業衰退，領導必須放棄保守的觀念，大膽用人、靈活用人、不拘一格地用人。

所謂「用人以膽」，就是要大膽使用人才，不拘一格。

1.人才從來都是培養而成的，對他們應當放手使用，使之衝上雲霄、戰風鬥雨；

2.辨事情完全在於作用人才，而作用人才全在於衝破原有的格局；

3.用人的原則，應當從一個人壯年、精力旺盛的時候就使用他。如果拘泥於資格，那麼一個人往往要到昏亂糊塗的老年，才會得到重用；

4. 對立下大功的人，不要尋求其細小的毛病；對忠心耿耿的人，不要找其細微的過錯；

5. 提升的快慢，不要僅憑一個依據。如果其才能可以重用，就要不限資歷，可以越級提拔。

高明的領導者尤其要善於使用卓越的人才或天才。有人說，「人才源於膽量」，是有一定道理的。假如大膽作用下屬，可能就會成為大才；反之，就會泯滅一個人才的出現。

一般世俗認為：「出頭椽子先爛」，「槍打出頭鳥」，「人怕出名豬怕肥」，所以一般天才的下場都很不好，但是要成就大業，就必須大膽使用天才。用人的成功，在很大程度上，取決於領導者是否樹立了鼓勵出頭的良好風氣。最終脫穎而出的人才，究竟得到一個怎樣的結局，是造成一個人人爭當先進的良性競爭局面的關鍵。具體的方法可採用：

**1. 及時起用，不可拖延。**

及時起用成績突出的天才，儘快提拔到關鍵性的工作崗位上來，造成既成事實，使熱衷於造謠中傷的小人企圖落空，自感沒趣，只得偃旗息鼓、草草收兵。

**2. 大膽使用，不可怯弱。**

有膽識的領導者就應該意識到，賢才最需要得到領導的有力支援，有正義感的領導，要及時對賢才以最有力的鼓勵和支持，選擇一個適當的場合，向全體職工宣傳賢才的作用。

**3. 鼓勵使用，避免塌陷。**

對於少數躲在人群裡製造流言蜚語的小人，領導只要一經發現，就應該不留情面，立即對他

進行嚴肅的批評教育，迫使他及時中止對卓越人物的惡劣行爲。

**4.獎勵使用，避免混雜。**

在精神上和物質上給以適度的鼓勵，不僅有利於鼓舞賢才的鬥志，激勵他們更快地成長，而且也在公眾面前，樹立起一批具有說服力和示範作用的榜樣。

身爲領導，要想成功，非這樣不成！因此，所謂「不拘一格」的關鍵，是要企業領導衝破陳舊觀念的框架，融入現代企業「寓雜多於統一」的最高用人原則，力戒排斥異己、惟親是用，而應該以企業利益爲重，因事設人、因才而用。

## 13 留個心眼會有用

人都要有個心眼，留點心眼是一種防範方法。因此，用人需要有策略。

用人有策略，並不是叫你和下屬勾心鬥角、爾虞我詐，而是指用人之處的獨特性和創造性。

有時候用人並不需要明確的命令，可以通過心機暗示來達到目的。主要的方式有：

1.沈默是一種技巧和智慧，它體現了深沉、縝密的心機。

2.人們都願意說自己只受理智的支配，其實，每個人的大部分都被感情所掌握。明白了這一點，就掌握了控制權的鑰匙。

3.一個極平常的動作、一個面部表情、一個語調，都在向他人傳達你心中的思考。如果你樂觀、自信、向他人表示你的尊敬和體貼，人際關係應該就會順利融洽，就能開闢美好的人生。

4.移位是一種高級謀略。於不動聲色之中，轉移對手敵對情緒的視線，消除積鬱的憤怒。

5.一旦公開，只能激化矛盾，鑄成無以補救的大錯，私了就是一種較明智的選擇。

6.如果與他人理智地對話，他們的思考會受到刺激；如果訴諸於他人以感情，他們的言行往往就會受到刺激。

7.宣洩，它是內心情緒的一種自然流露，讓人宣洩，才能使他的心理達到平衡。

8. 人，都有各種各樣的事情。要處理好人際關係，應該從理解對方開始。人都渴望來自他人的理解。

9. 要打動對方的心，推動對方行動，需要有效的溝通。

10. 察明對手背後的指揮人物，並摸清對方的底細。

11. 深藏玄機，出其不意，命中要害，這樣才能體現領導的威嚴。

12. 用智慧對付他人，而不是愚笨地表達自己的淺見。

13. 如果你眞正關心挽救一位失敗者的話，你就等於救了他的性命，他就有可能報答你。

14. 善於通過眼睛觀察，而不是通過手腳辦事。

15. 該說的可以不說，不該說的有時可以說一下。

16. 可以做的，先不說；先說的，可以不做。

17. 總是把對手置於警戒線中加以審視。

用人以心機，則無往而不利。尤其在知識經濟的時代裡，沒有獨特性的和創造性的用人，只能導致企業的人氣貧乏。因此，用智慧之術網羅人才、任用人才，就成爲塑造企業活力的最重要的課題。

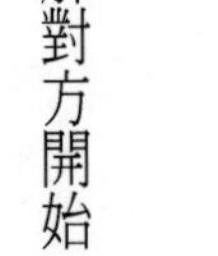

第二絕

# 以言相感

Chapter 2

歷史上不少精通文韜武略的政治家、軍事家，

都是善於運用以言相感，殊途同歸的個中高手。

以前人的用人術為鑒，以言相感，

就是通過語言的橋樑，達到與部屬心靈的契合，

使對方和你一條心，同心協力地互助合作，

以此來凝結部屬的向心力，鼓舞士氣，進而提高工作效率。

法國著名作家雨果曾說：「語言就是力量。」這是身爲領導者應當牢記的一句名言。從古至今的用人實例中，許多有名的領導者都深諳語言藝術的精髓。

語言運用是一門藝術，代表著表達者的思維邏輯、理智修養、生活閱歷、知識廣博、表達技巧等多種因素的結合。用語言引發部屬的積極性或吸引人才加盟，是成功的領導者必須具備的能力。



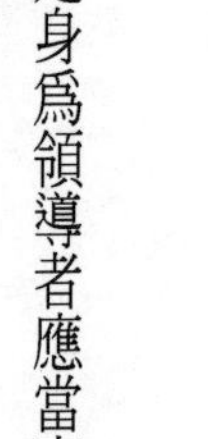

## 1 對下屬要及時進行認同和讚美

瑪麗．凱女士是美國一家年平均營業額達八億美元的化妝品公司經理，她曾說過一句被後來的領導者視爲「聖經」的名言：「有兩樣東西比金錢和性更爲部屬所需要，那就是認同及讚美。」

如果你的太太身材肥胖，你可以告訴她，她的體態豐腴，是一種健康的成熟美，比苗條女郎更能吸引你，她一定會對你更加關懷體貼。實際上，每個人都渴望得到賞識，尤其是勤奮苦幹的員工，更需要領導對他的成績表示認同與讚美。無論是新進職員或即將退休的老職員，當他們聽到領導的讚美時，他們的不安感和緊張會隨之放鬆下來，更能促使其工作得更起勁，這魅力可見一班。

眾所周知，錢是引發員工積極性的有力工具。但認可和讚美往往比金錢更有魅力，因爲它能喚起員工的榮譽感、責任感和自尊心。有時你的一句話，會使他覺得人生價值得到認可和重視，無形中你已肯定他的付出。這使部屬產生「士爲知己者死」的神聖感情，他們會更加的努力工作。其實，這種用人術是「成本相當低廉」的投資，是花費最少、效益最大的管理技巧。

運用人才時，你一旦知道讚美部屬所產生的巨大力量，你就會不吝惜的讚美員工。只要你發現部屬在工作上表現突出，就該抓住機會給予讚美。例如，秘書小姐所擬定的報告、文件書信，

非常簡明扼要、切中要領，請務必讚美她；看見職員重複使用影印紙張，也請立即讚美他的勤儉作風及環保概念；對提意見的員工，即使其意見並非完全正確，也可以讚美他的勇於規諫。如果領導留心，就會發現每個員工都有不少優點，都有值得讚美的地方。

運用「以善相感」的用人術時，要以公平、公正、公開的方式進行，最好在大庭廣眾之下，當面讚美員工，這樣才會收到預期的效果。一位英國企業家說：「如果我看到一位員工工作傑出，我會很興奮，並且讓更多的人知道，他完成這件工作的傑出之處在哪裡，如此既可讚美那名員工，又可以教育他人。」許多公司會召開表揚會，也是同樣的道理，不僅可起到正面作用，也能鼓勵其他員工向優秀者學習。領導者必須記住，對個人進行認可和讚美，意義會更大，也許成果是屬於很多人的，但讚美卻必須針對個人。這才能發揮讚美的最大作用。

戰國時期，齊國的宰相管仲曾說：「讓有才幹的人靠本領吃飯，國君就更有尊嚴；使將士靠立功來領取獎賞，士兵就不怕死亡。領導者若能做到這兩點，天下便會太平。」從古至今，沒有聽說有尸位素餐的人得到獎賞。因此，高明的領導者不會忽視有真才實學的部屬。讚美時要客觀且真誠，需發自內心地讚美，語言和表情要嚴肅認真，不能給人造作或漫不經心、敷衍了事之感。一邊看報、喝茶，一邊說幾句讚美的話，這樣會讓員工覺得你只是在耍耍嘴皮子，並非真正認同他的工作績效。

認同和讚美雖然是用人術中極具效果的技巧，但不著邊際、不痛不癢的讚美，並不會產生任

何積極的效果。你千萬不要刻板的認定員工並沒有值得讚美的地方，你只要讚美他們，他們就會信心百倍，工作起來也格外盡心。

也有一些故步自封的領導認爲，隨意讚美員工不僅讓自己失去威嚴，還會使員工自我陶醉、不求上進，甚至降低工作的積極性。其實這是庸人自擾，因爲工作直接關係到員工的薪水，他們是不會因爲領導的讚美而變得恃寵而驕的。

## 2 不要輕易許諾

三國時代，曹操率軍南征，時值炎暑，再加以軍中備水已盡，附近又沒有水源，士兵多因口渴而頻生怨言。曹操見人心躁動，便心生一計，對士兵們說：「前面有一大片梅林，結滿了又酸又甜的梅子。」士兵一聽，個個口舌生津、精神大振，奮勇直前，再也不覺得口渴了。

用人非常強調一個「情」字。領導者的話語能左右員工的思想情緒；人事管理關係著員工的前途與未來，因此，每位員工都對此極爲敏感，他們會牢牢記住領導所說的每一句話。曹操這種「以言相感」的用人術，在短期內能收到一定的效果。但時間一長，員工就會有被愚弄的感覺，企業中有些主管就是這樣，心情一高興就信口開河；酒酣耳熱之時，封官加薪樣樣都來，過後就來個打死不認賬，這樣往往更容易打擊團隊的士氣。

有些領導喜歡對部屬開「空頭支票」，讓部屬一時興奮不已，這種方法在短期內的確有一定的激勵作用，但就長遠來看，效果並不好。一旦你的承諾無法兌現，員工就會覺得上當受騙，往後的工作偷斤減兩可想而知。

幾年前，香港一家著名的大酒店重金聘請一名新經理，這位先生滿懷壯志的走馬上任，在與員工見面的大會上，他大放厥詞，聲稱要在一年之內創造兩倍的效益，並信誓旦旦的表示會給員工極大的優惠：獎金、假期、出國旅遊等。員工們自然歡呼雀躍、幹勁倍增。可是半年以後，該

經理許諾的事沒有一件兌現，員工們不免意興闌珊，經營狀況馬上呈直線下降。這位經理原本想用語言來激勵員工，卻因不懂得其精髓所在，結果等於搬石頭砸自己的腳。所以，領導者一定要以此爲鑒、吸取教訓，切忌信口開河，辦不到的事，絕不要輕易許諾。

## 3 用激將法激勵部屬

諸葛亮是一位古今少有的政治家及軍事家，但是許多人都不知道他也深諳用人之術。在今日的商業戰場中，很多領導者還未洞悉諸葛亮的智慧用人之法，這確實是他們的一大損失。

俗話說：「商場如戰場」，在商業活動中，你可以體會到戰爭時的激烈和殘酷。如果你不懂得兵法，不能引鑒古人的用人之術，在這種激烈現實的商場上，肯定無法顛覆傳統、獨佔鰲頭。

《三國演義》第七十回中寫道，魏國名將張郃率兵攻打蜀國，葭萌關告急，劉備在成都急召文武百官共商退敵之計，孔明對眾人說：「葭萌關是入川要道，萬不可失。張郃是河內名將，必得請關中的張飛前去，才能擊退張郃。」一位謀士說：「張飛鎮守關中，同樣是兵家重地。只能在帳下另選一將去對抗張郃。」

孔明笑著說：「此事非同小可，張郃非等閒之輩，除了張飛，只怕沒有人敵得過他。」

忽然，帳下有一人大聲說道：「軍師爲何輕視眾將，我等雖然沒有張飛蓋世之才，但對抗張郃卻是綽綽有餘。」大家一看，發此狂言的正是老將黃忠。

孔明故意說：「黃將軍雖然英勇，但年事已高，只怕不敵張郃。」

黃忠一聽，皤皤白髮倒豎：「我雖然年老，尚能開三石之弓，仍有千萬之力。昔日趙國大將廉頗年近七十，還能騎馬揮刀，何況我尚未滿七十歲！」說完取下大刀，揮灑自若、虎虎生風，

眾人莫不齊聲喝彩。孔明便委以此任，黃忠果然擊敗張郃立下戰功。

由上述故事得知，領導用一些簡短有力的語言，刻意提出一個否定的情境激勵部屬，往往可以引發部屬不甘示弱的氣概和高昂的鬥志，達到預想不到的效果。

企業的生存之道，就是勝利、成功和賺錢，如果做不到這三點，企業將無法避免地走上解體之路。對於一個領導者而言，他的生存之道就是任用賢才、掌握大局。人才猶如璞玉，善於識別和雕琢人才是聰明的領導；善於運用和調度人才的方是有智慧的領導。

## 4 斥罵也有技巧

大家也許很難想像，斥罵也是培養、運用人才的技巧。其實，如果你是公司的主管人員，就不難發覺，有些時候確實需要運用這種方法來帶領部屬。有些部屬如果不嚴格督促，就會失去工作的熱忱，需在較嚴肅的氣氛中才能使其反省，進而更努力工作。不過運用這種特殊的用人方法時，一定要慎重措辭，把握語言的輕重，才不會弄巧成拙。

日本明治大學棒球隊的島岡教練，便經常斥罵隊員，也許你不認同責罵的方法，但島岡教練率領的隊伍，一度創下連勝十場，榮獲全日本決賽權的佳績，可謂成績斐然。

島岡先生是一位愛才如命的教練，雖然他平常喜歡和隊員在一起談天說地，但在訓練時卻是一絲不苟，對於名氣愈大的隊員，無論其是日本球員或是世界級的優秀選手，他都一視同仁地罵得他們狗血淋頭，尤其是那些自命不凡的隊員，他要求更是嚴格，毫不寬容放縱。

島岡教練罵人的方式和技巧相當特別。有些明星隊員經常要其他隊友幫忙做事，包括洗衣服之類的小事，都要麻煩他人。島岡知道後，把那幾名隊員找來，痛罵了一頓。結果全隊上下再沒有出現這種以「大」欺「小」的事。由於他總是對事不對人，挨了罵的隊員在訓練時反而更加努力，並不會懷恨在心。

一些與他交情不錯的老隊員，當訓練時間過長就抱怨說：「算了吧，這麼熱的天氣，差不多

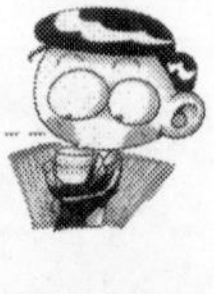

就行了。」這馬上會招來教練的痛斥責罵。即使在比賽獲勝後，島岡教練也照常嚴厲批評隊員，糾正比賽中出現過的失誤。如果一段時間內全隊的成績不好、士氣低落時，島岡就不會使用這種語言戰術。在緊要關頭，他會一反慣例，不責備隊員。他曾經說過：「勝敗乃兵家常事，即使是球王，也有失敗的紀錄，所以我不會故意爲難比賽的隊員，要求他們取得什麼樣的成績。」然而對於防守，島岡教練卻非常在意，因爲防守是隊員平時學習的體現，只有耐心、專注，才能避免失誤，防守的漏洞往往是疏忽造成的，這就是隊員平時訓練不專心的後果。如果某個隊員出現了這種人爲上的失誤，島岡教練總會不客氣的大發雷霆。

一般而言，假如隊員能自覺、能夠反省自己的錯誤並及時改正，島岡教練也不會過分刁難，傷害他的自尊心。

島岡先生在總結他的多年執教經驗時說：「我對待隊員時的責罵方式是因人而異的，適時的痛罵隊員，是一種高級的用人之術。不僅可以去除大牌明星隊員的驕氣，同時能發揮殺雞嚇猴的作用，促使其他隊員更加嚴格的要求自己。這種用語言駕馭隊員的方法，可以產生一石二鳥的作用。久而久之，即使我不在現場監督，我的隊員也能自動自發地自我進行訓練。」

在某些特定的環境中，領導者要善用語言技巧，掌握部屬的感情思維，使部屬日常的進退能根據領導者的想法來做。

## 5 旁敲側擊以達意

《三國志》中有這樣一段故事：赤壁之戰，曹軍大敗後，曹操率領士兵從華容道脫險，因關羽念昔日曹操對他的恩德，放了曹兵一馬。曹操回到安全之地後，忽然仰天大慟，部屬疑道：「丞相已經自險地脫困，當時面對百萬敵軍全不懊悔，現在已經安全脫險，人已得糧，馬已得料，何故如此悲慟呢？」曹操說：「我不哭其他事，只哭我早死的愛將郭泰孝，如果他活到現在，絕不會有此次大敗之役發生。」眾謀士聞言莫不慚愧自責。

曹操可謂是用人之術的高手，無論是遣兵派將，還是責備手下，都能處理得恰如其分，他並沒有直接把每個人都痛罵一頓，也沒有責備他們不盡心盡力，而是運用以善相感的語言技巧，當著眾謀士的面追思已經死去的賢士，達到了批評大家的效果。如果他惱羞成怒，大罵謀士們無能，恐怕手下個個都會拿一千個藉口來爲自己開脫：「誰讓你中了東吳的反間計，誰教你把大船都綁在一起……」

其實，話不宜說多，只要精妙簡潔、傳神達意就已足夠。如果你身爲領導者，不管在平時或是會議上，對部屬講話如同六朝時代的文人作駢體文一樣，洋洋灑灑，指東說西，這樣不僅無法凝聚員工的注意力，也收不到批評或表揚的效果。

領導者正確的用人法是，平常雞毛蒜皮的小事不要插手；不要動不動就指責部屬。若真要指

責，就要像一回事，給員工留下深刻的印象。假如有一位員工工作不認眞，接連出現幾次失誤，就要將他找來認眞地懇談，分析他犯錯的原因，並和他一起研究改進對策，教導他工作時所需運用的技巧，讓他既能意識到錯誤的嚴重性，又不會感到太難堪，以致影響到工作的熱誠。

## 6 迂迴說服有力量

身爲領導者，必須要做的工作就是說服部屬。用眞誠的話語去說服他人，極容易獲得他人認同。無論是你的部屬或是晚輩，甚至是一面之緣的朋友，都有一顆善感的心，他們都希望能得到別人眞誠的對待，並希望領導者或長者能夠站在他們的立場來設想，瞭解他們內心的眞正想法。

如何運用技巧或策略，達到讓他人順從己意行事？即使是上下屬的關係，也需要注意運用以善相感的技巧，不能夠一切都按照命令，一味要求對方服從，否則就會傷及部屬的自尊心，影響部屬日後工作的熱忱，最嚴重的後果就是讓自己的事業蒙受損失，想追求的目的無法達到，最後還落得一個「庸俗領導」的臭名。

有些人天生就多愁善感，會因爲自己的小過失而寢食難安。工作時亦是如此，整天緊張兮兮，生怕領導會突擊檢查；生怕同事打自己的小報告。面對這樣的部屬，領導者就要針對他的性格，注意分配任務時的語氣；用合適的語言技巧，引導部屬走出缺乏自信的心理狀態。

朗達科是美國著名的科學家，他小時候就很多愁善感。有一次，他在科學實驗室上課，任教的波爾·希得博士在課桌上擺了一個牛奶瓶。當時，朗達科和其他同學都很納悶，心想：上課的內容難道和牛奶有關嗎？等大家坐定後，博士突然站起來，拿著牛奶瓶走到水龍頭邊，佯裝漫不經心的把瓶子重重一放，牛奶瓶一下子便破了。他立刻大叫一聲：「不要爲這只玻璃瓶哭泣！」



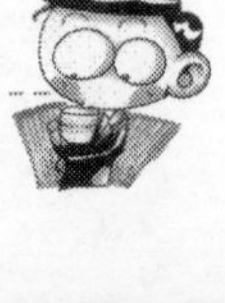

接著，博士把朗達科叫起來，指著那個已經粉碎的牛奶瓶，說：「你仔細聽著，你還有長遠的路要走，我希望你從今天開始銘記這個教訓——牛奶早就流光了，任你如何捶胸頓足、懊悔不已也於事無補。或許你會想：假如擺放時稍加注意，也許就不會出現這種事了。但那只是『假如』，現在談『假如』已經太遲了，現在最需要做的是：把這件事忘記，再去做好下一件事情。」

博士又對他說：「不論你將來做任何事，都難免會出些錯誤，但這只是你生活中的一個小細節，沒有必要整天爲這些小事追悔不已。」他的話深深地烙印在朗達科的腦海裡，這句話是他那堂課最大的收穫，也是他一生受用不盡的金玉良言。從那之後，朗達科從不斷懊惱自責的情緒中站起來，勇敢地面對生活中諸多的不如意，最後終於成就了一番大事業。

其實，波爾．希得博士的這番話，對於每一位肩負教育使命的人都適用。如果你是一家公司的領導者，對犯了過失的員工可以這樣說：「生活中有許多過失，不值得你爲錯誤牽腸掛肚，過失既然已犯下，又何必耿耿於懷呢？你應該做的是，抬起頭向前走，在以後的工作中留意不再犯相同的錯誤。」如此一來，相信每一位領導的下屬都會心悅誠服的接受。

## 7 選用正確的命令方式

身爲一名企業領導者、教師或爲人家長，每天都要說出無數命令性的話語。身爲企業主管，指揮企業運作、調配員工任務、分發獎金等，都要靠大量的口頭命令來傳達，口頭命令可分指揮式、詢問式、自願式三種，應該採用什麼類型的命令，關鍵在於要看執行命令的員工是否積極主動、力求上進。必須做到因人而異、區別對待。對於極少數懶惰的員工，只要用簡單明確的語言說出你的要求，比如「下午將這批貨趕完」、「馬上去準備送貨」等。如此簡潔的語言，才能讓他立刻行動，不至於讓他覺得有機可乘、借機偷懶。選用這種語言形式下達命令，是許多領導者普遍使用的方法。但大多數領導都沒有注意到因人而異這一點，他們總是隨時隨地都在使用命令方式。

當你在爲那些表現良好的員工分派任務時，就應採取詢問式。例如：「你覺得這樣做可行嗎？」、「這件事三天之內完成，應該沒問題吧？」等，員工明知這是不可違抗的命令，也會因爲你的語氣令人愉快而欣然接受，自然就能達到最好的工作效果。

其實，沒有一位部屬喜歡領導整天板著面孔；也沒有哪位賢才願意跟武斷專橫的領導者共事。如果你眞心想得到一位良才幫助，卻用命令式的口氣對他說：「你跟著我準沒錯」，我想，任誰都不會心服的聽從。部屬不喜歡領導者對自己過度展現領導的權威，每個人都希望自己受到

尊重。除非是那些阿諛奉承的小人，才會欣然接受這種對待方式，而這些人多半是庸才。領導者用商量的語氣調度人才，沒有居高臨下的態度，而是以平等的身分和部屬商量，讓部屬有一種被領導重視的感覺，他們自然會毫不遲疑地接受任務。

使用這種詢問式的表達方法還有一個好處，就是可以避免領導者犯下錯誤，因爲部屬如果覺得你的命令有不恰當的地方，就會及時提醒你；若你用命令的方式，許多部屬就不會有意識的去發現錯誤，在錯誤出現時自然會歸罪於你，員工甚至還會在私底下幸災樂禍。

還有一種自願式的命令，使用這種技巧可以提高部屬的向心力。必須運用這種自願式命令的工作，通常是沒有人願意做而又不得不做的工作。當你問「誰願意去」時，可以發現眞正能爲公司出力、替你分憂解危的員工，如果你硬性指派某人去做，對方肯定會牢騷滿腹、忿忿不平，碰上比較難纏的人，還會提出質疑：「那麼多人，幹嘛要我去？」，如此勢必會影響到工作效能和員工的團結合作度。如果有自願承擔這項工作的員工，就不會產生這些不利的因素，對方甚至還會有一種自豪感。

身爲領導者，必須明白這種自願式命令法有一些弊端，一旦沒有人願意站出來時，領導者難免會陷於尷尬的境地。眞正遇上這種情況，僅靠以善相感、殊途同歸的用人術是不夠的，你還要運用其他的用人法則來替自己解圍，例如用提高獎金、淡化困難度等輔助方法。

## 8 該向下屬道歉時就道歉

松下電器是聞名全球的電器公司，其創始人松下幸之助先生，更是有「經營之神」之譽的企業家。這美名不僅是因爲他親自創辦了松下電器公司，還因爲他是一位駕馭人才的高手。在他的有生之年裡，他的經商術和用人術廣爲流傳，到目前爲止，對世界的商業領導人士還有著巨大的影響。

松下幸之助是一位脾氣火暴的人，訓人是他最常用的方法，當時日本甚至出版了《松下幸之助罵人方法研究大全》的書。雖然松下幸之助有這種習慣，但他總是能夠適時恰當地向對方道歉，由於適時及態度誠懇，那些被斥罵的部屬不但沒有怨恨之心，反而工作得更加積極。

松下幸之助的訓人十分嚴厲，有一位叫俊藤清一的部屬由於處理公事不當，深諳老闆脾氣的他，有種大禍臨頭的感覺，但他還是心存僥倖地自認是公司的元老，松下先生應該不會對他怎麼樣。

松下幸之助知道這件事後，直接走進俊藤清一的辦公室，俊藤清一當時正和一位親戚在談論事情，松下幸之助走進來後，氣衝衝地對他說：「明天晚上到我辦公室來一趟。」俊藤先生的那位親戚見事態不妙，馬上出面講和，可是盛怒之下的松下幸之助，並沒有消氣的跡象，只見他突然抽出一支彎曲的鐵棒，直逼著俊藤清一說：「你把這根鐵棒弄直了才准回家。」俊藤清一一聽

到這句話，直覺得自己遭到了奇恥大辱，頓時頭昏目眩、暈倒在地。見此情景，松下幸之助馬上叫秘書開車送俊藤清一回家，並打電話給俊藤先生的太太，囑咐她勸阻俊藤清一不要尋短見，等體力恢復後再來上班。

第二天，俊藤清一提前來到公司，沒想到剛進辦公室，松下幸之助就打電話來，語言非常溫和，與昨天判若兩人。松下幸之助在電話那頭說：「俊藤君，你的身體好點了嗎？我爲昨天的舉動感到萬分抱歉，請你不要介意，你的心情還好嗎？要不要再多休息幾天？」

俊藤清一本來懷著一肚子怨氣，但聽完松下幸之助的這番慰問後，怨氣頃刻之間就消失了。他回想起松下幸之助昨日發脾氣的樣子，覺得他眞是不可思議的人物。

身爲企業的領導者，批評員工時不能一味仰仗權力。如果只知道一味用頭銜壓人，無論頭銜多大，都不能使部屬心悅誠服。指責應該根據事實、就事論事，要有充分的理由，而不是依據你的職位高低。聰明的領導者不會犯下這種錯誤，他們最高明的管理技巧，是善於運用既含有強制意味又深藏不露的語言，這樣的用人術才能令人折服。

如果遇到部屬不接受你的意見，甚至故意和你作對，此時，若用「這是命令」等強制語言壓制對方，即使奏效，部屬的心裡肯定不會愉快，時間一久就會形成惡性循環，不利於培養企業的團隊精神和融洽的工作氣氛。懂得駕馭人才的領導者是不會這樣做的。處於這種局勢時，你要從權力的寶座中走下來，以平等的身分、友好的態度，和氣地解決問題。如果你以一種以上壓下的

態度對待員工，哪怕是平時對你言聽計從的部屬，也會背地裡充滿怨言。碰上性情剛直的部屬，則會立刻和你作對，讓你處於難堪的境地；即使性格溫順的人，也會口服心不服。

所以，對領導者而言，在用人時，一定要把握語言的尺度，尤其在分派艱巨任務或批評部屬時，千萬要謹慎措辭。

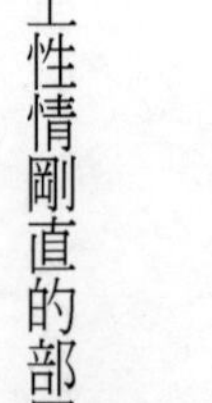

## 9 打一巴掌再給個甜棗

一個賢明的領導者，必須有容忍部屬犯錯的雅量，因爲世界上沒有人是不犯錯的。有一部美國電影，劇中的一位父親對他就讀中學的兒子說：「我希望你犯錯誤。」這句話讓人感觸良多。犯錯誤的人若能夠記取教訓，對生活的體驗及追求就會更加豐富多彩，其應變能力也會大大提高，如果一輩子兢兢業業地在規矩、原則中生活，儘量不讓自己犯錯，在害怕犯錯的心態下，便會失去創造力、想像力，以及面對錯誤時的處理應變能力。

高明的領導懂得把握部屬的心理，在批評了某個職員後，總會補上一兩句安慰、鼓勵的話語，或用行動表示關心，這樣既達到了批評效果，又不挫傷部屬的尊嚴。

小王在報社工作，他的總編輯非常嚴厲，對職員的要求近乎苛刻，但同仁們卻非常尊重他。究其原因，是此領導極瞭解部屬的心理。比如有一次，小王負責編輯的一篇專題出現錯別字，將「部署」寫成了「佈置」，那位領導批評他「影響報紙的聲譽」，並斥責他是沒有責任感的人，要扣除他的獎金，甚至當著大家的面說：「你到底是怎麼搞的？出這樣的錯誤？」小王生平第一次被人這麼嚴厲地責罵，心裡很是不快，幾天下來，工作情緒相當低落。

不久，小王家裡準備整修廚房，需要一些材料，正當他爲材料和載運的事宜發愁時，他的主管不知從哪裡得知這個消息，馬上告訴小王，讓他到總務科那裡去，表示他已和科長談過了，材

料和運輸工具都由報社支付。此舉令小王十分感動，因爲他根本沒有要求過主管，可是主管卻幫他安排好一切才告訴他。可見，聰明的主管必須要能抓緊部屬的感情，批評歸批評、關心歸關心，並不因爲工作方面曾有失誤，而對部屬產生刻板的不良印象。

任何人在遭受批評之後，心理上總會難以平衡，不管自己的錯誤有多麼嚴重，批評者的位子有多高，總會認爲自己受了莫大的委屈，不僅情緒低落、垂頭喪氣，對日後的工作失去信心，短時間內總覺得提不起高昂的熱忱投入工作，而且心中難免會想：「我給領導添了這麼多麻煩，以後我不會有好日子過了。」這種心態下的部屬一定會自暴自棄。此時，領導者就要適時地講幾句關心的話來安慰他，或者用行動來表示關切。

在你批評了某位部屬的工作態度後，別忘乘機表揚一下他另外的優點，如配合度高、有正義感等，或者事後有意無意地讓他瞭解你，「我看他是個人才，所以才嚴格要求他」的用心。那些受批評的部屬聽了這些話後，必會深深體會到領導「愛之深，責之切」的用心，就會理解領導「恨鐵不成鋼」的苦心。日本的「經營之神」松下幸之助，便經常在痛斥部屬後，當晚打電話到部屬家中，再給予一番鼓勵和安慰。因此，受到批評的部屬會心存感激地認爲，他雖然嚴厲地批評了我，但其實是爲我好。如此一來，部屬對於自身所犯的錯誤就會加以改正，對工作會更積極、熱愛。

但是，身爲領導者必須要明白一點，關心和鼓勵的內容，一定不能與批評的內容相抵觸。也

就是說，你所表揚和肯定的內容，並沒有否定你剛才的批評，不能讓部屬覺得，你是因爲批評錯了而向他賠禮道歉。如此一來，批評就失去意義，這和有些父母體罰孩子以後，再買玩具哄他們開心一樣。及時安撫部屬，是爲了鞏固批評的效果，而不是爲了否定批評。

第三絕

# 以勢相激

Chapter 3

《孫子兵法．勢篇》中說：「擇人而任勢。」
也就是說，選拔優秀人才時，
要製造有利於自己的情勢，
並能使人才好好地發揮潛力。
身為一名優秀的領導者，
必須具備「造勢」和「用勢」等基本技能，
從而形成對自己有利的「勢」。

《孫臏兵法．篡卒》中提及：「兵之勝在於篡卒，其勇在於制，其巧在於勢。」《鷗冠子．世兵》中也說道：「兵以勢勝。」可見自古以來，用勢的思想和技巧，已被領導者所重用。

古往今來，不乏用勢藝術的精湛之例，高明的領導者都不會忽略這一項用人術。出類拔萃的良才也會因勢而行，不會輕易錯失能證實自己才能的機會。

以勢來鞏固自己的地位或用人，是領導藝術中絕妙的方法之一，這種「勢」包括個人的「勢」，也有周圍的「勢」。就個人的「勢」而言，就是用自己的「勢」展現自己的才華，而讓部屬感到一種安全和信任。

## 1 利用趨勢而造勢

春秋戰國時期，天下諸侯並起、爭戰連年，許多享有盛名的賢士，都投於各國有威望者的帳下，謀略策劃，幫助自己所擁戴的主公對抗敵方。

鬼谷子是充滿傳奇色彩的人物，他有四個徒弟，一個是孫臏；一個是龐涓，兩人專攻兵法。另外是蘇秦、張儀，兩人專攻政治。蘇秦告別師父下山之後，以合縱之說遊說六國抗秦，後來成爲身佩六國相印、名噪一時的縱橫家。

張儀命運多舛，離開鬼谷子後四處遊說，但其才華卻無人賞識，還差點被人打死，後來他聽說同門師兄蘇秦成了知名謀士，便去拜訪蘇秦，希望得到他的舉薦，謀得富貴。幾經造訪，蘇秦才答應見他，張儀興沖沖地來到蘇秦的相府，一心以爲蘇秦會以禮相迎，不料左等右等都不見蘇秦身影，等他到餓得頭昏眼花時，才被蘇秦召見。

來到大堂之上，蘇秦只是對他點點頭，連起身相迎都沒有。吃飯的時候，只見蘇秦桌上山珍海味，而張儀面前卻是青菜和粗飯。蘇秦還不斷地責怪張儀說：「你我同爲鬼谷子先生門徒，現在你怎麼如此落魄呢？」張儀氣憤得拂袖而去，到了秦國，被秦惠王委以重任。

其實，這一切都是蘇秦的計謀。自從蘇秦成爲六國聯盟的召集人後，還擔任趙國的宰相，他害怕強大的秦國破壞合縱聯盟攻打趙國，從而威脅自己的相位。他知道張儀很有才幹，如果張儀

能出任秦相，他們倆人就可以實行攻守同盟，進退之間皆不失利益，兩人的榮華富貴就得以保住。

所以，當張儀困頓而求助他時，他故意用激將法羞辱張儀，逼得張儀走投無路，只有投奔秦國。在張儀前往秦國的路上，蘇秦又派人照顧他，並送了許多金銀珠寶，並在信中寫道：「我與先生有同門之誼，豈會坐視不顧，我之所以失禮於先生，是因爲天下大勢暫定，秦國雖盛，卻無人才爲之驅馳，如果先生到了秦國，因勢所迫，必然興兵討伐諸侯各國，我爲合縱之召集人，定要遊說六國聯手抗秦，屆時我若得勝，則地位更加鞏固；若先生得勝，秦國素知先生才學，更加不會放先生離去，攻守同盟數十年，你我均居一人之下、萬人之上，有何不可呢？」張儀知曉內情後，自斷用人之術不如蘇秦，誓言只要蘇秦在趙國爲相一日，絕不讓秦兵攻打趙國。

高明的領導者不僅知勢，更要利用趨勢，並且要能發揮智慧去造勢。以勢相激駕馭人才，迫使部屬接受任務，此爲以勢相激的用人之術，若你想延攬賢才，以勢相激，更見其效。只要抓住對方思維的「勢」之所在，合理利用外勢和內勢，一定能令對方放下顧慮，一心投效。

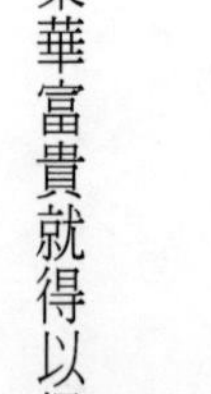

## 2 不要讓別人影響你的「勢」

運用人才是領導者依循某種理念技巧，牽領、推動部屬從事某項活動，實現領導者預定目標的手段。指揮，主要是領導者對被領導者實施的行動。只要部屬能夠保持與領導者的心態一致、行爲一致、有高昂的士氣、必勝的信念、高度的積極性，當這種士氣、信念一旦形成壓倒性的氣勢，就成爲領導者的最佳利器。如此，任何困難都可以克服，任何艱巨任務都可以完成。相反地，若只有領導者積極向上，而部屬卻像一盤散沙，就會使領導者的指揮失效，使目標的達成困難重重，難逃失敗的命運。

現實生活中，太太們都想成爲先生工作上的好幫手，但是，她們的計策往往使丈夫受到批評，甚至失業。

女士們總是在婚前就作著美夢，想像著如何幫助她們的白馬王子，爬上總經理的寶座，她們不斷地列出一些計畫、策略，隨時隨地給丈夫建議和暗示。

領導者普遍不喜歡部屬有這樣喜歡干涉丈夫事業的太太，因爲這些女人不斷地參與丈夫的工作，積極地和丈夫的同事交往，偶而還會到丈夫的辦公室東家長、西家短。然而，結果卻出乎她們的意料，丈夫被解雇了。

例如，一家商務公司聘請了一名企劃部經理。這家公司的總經理很器重這位先生，覺得以他

的聰明才智，能夠完全勝任這個職位，因此把公司重振雄風的希望寄託在他身上。但是，當這位企劃部經理開始上任後，他的妻子卻一直不斷地介入、干預他的工作。

每天上班時，他的妻子和他一同進入辦公室，把丈夫的每一句話、每一個命令都記下來，然後讓秘書小姐列印成冊，她丈夫每計畫一件事情，太太就意見百出，希望丈夫能採納她的建議，讓她的丈夫工作起來束手縛腳。

辦公室的同事當然也不勝其擾，大家聯名向總經理表示不滿，一位素來表現良好的女職員，在此時果斷地率先離職，其他的人也都相繼萌生去意。

這位總經理很快地知道了內情，儘管他很需要這樣的助手，但面對越來越糟糕的辦公氣氛，他不得不有所行動。於是，這位企劃部經理在上任兩個星期後，被禮貌地請走，自然也包括他那位喜歡干涉先生的太太。

這樣的事情不勝枚舉，領導者絕對不容輕忽。如果你是一家公司的領導者，面對這種狀況，如果不立刻果斷地下決定，一定會影響到公司的工作效率。以勢相激的用人術，要求用人者必須掌握勢的程度，每種勢態都需要領導者花費時間，來調整部屬的工作狀態。

## 3 挖掘下屬的潛力

每位人才都有專長和一定的弱點，沒有人是十全十美的。在眾人眼裡，沒有才能的人不一定就一無是處，只是他的優點隱藏得很深，需要領導者慧眼識英雄地來發掘。

弱者是指在學歷、技能、年齡等方面處於劣勢的人，並非是指在工作上不努力、沒有上進心的人。

每個企業都有一些資質差的員工，你千萬不要認爲他們是公司的包袱。只要把他們放在適當的職位，他們就是人才、就是財富，他們的重要性同樣無人可替。美國現今有些企業，早已拋棄「盡可能用最好的人才」的原則，轉而奉行「找一些素質較低的人才，發掘他們的潛力」的原則。

企業都會有部分的簡易工作需要職員去完成，即使現代化的企業也不例外。安排那些條件差的員工去做那些工作，他們便會全力以赴的去實行。由於他們感受到領導者的重視，所以士氣特別高昂，如此不但能節省一大筆開支，還能創造出很高的工作效率。而且，這些員工不會自命不凡，對領導者不會有反抗意識，不會覺得自己是大材小用，因爲這些部屬都有「自知之明」。

工作中，常常會碰到人力、財力、物力嚴重不足而使工作擱置，任務難以完成，在這種困難情況下，領導者焦急憂心的心態可想而知，部屬也同樣備感壓力。如果領導者能夠依循部屬的心

理狀況去用勢，積極動員、展開有效的呼籲，必能振奮部屬的士氣，達到同舟共濟的共識，進而戰勝困難、完成任務。如果領導者態度急躁、思考單向、過於自我，不顧部屬的心理狀態，或超出部屬的心理承受能力去用勢，結果反而會適得其反。

例如，王先生已近不惑之年，由於之前就業的公司經營不善，王先生只得另謀他職，但事與願違，一直沒有找到適合的工作。後來一家公司在眾多應徵者中錄用了他。與許多人相比，王先生因一直受失業困擾，所以一旦有工作機會，他便很努力地工作。雖然年齡較大，但工作起來努力、認真，雖然學歷不高，但他吃過苦，有實戰經驗，進步也快。這家公司的人事經理正因爲十分瞭解這種道理，所以優先錄用了他。後來，他果然成爲這家公司的業務骨幹。一般而言，每個公司都少不了基層的人員。若企業中全由一些高學歷、高素質的精英分子組成，未必就是最優越的企業，而且，這樣的人才結構會讓管理者大傷腦筋。

任何企業都需要大批的精英俊傑，任何領導者都希望自己的部屬能力超群，但一個企業的優秀人才過於飽和，會不利於公司的發展。因爲公司猶如家庭，分工不同，所需要的職員素質也各異，地位相稱的職位畢竟很少，一旦同一職位有兩個以上的人才擔任時，就會造成人才浪費，而且也不利於人才潛力的發揮。

## 4 因勢用人 以達固勢

日本大正時代，「鍾淵紡織」名噪一時，當時的經營者武藤山治，是位赫赫有名的實業家，他將數十年的經商心得整理成書，在這本《實業家寶典》書中，有一段闡述關於領導者因勢用人的道理：

「領導者應該隨時留意部屬的意志、想法。由於部屬容易相互比較、產生抱怨，因此，領導者必須懂得用勢造勢，巧妙設計許多權宜措施，以便有效地緩解員工的不平。至於如何設下似有若無的措施，需要領導者運用技巧和策略……」

如果部屬對領導者心生不滿，就會對公司造成各方面的影響。若抱怨的心情沒有及時獲得疏導，不僅他本人會產生怠慢的心態，同時也會把這種不滿的情緒傳染給他人，甚至使公司全體員工無心工作，爲公司帶來損失。然而，冷靜的思考一下，就會發現在員工的不平情緒背後，隱藏著一些對企業經營十分有利的建議。因此，無論領導者多麼繁忙，只要有人表示不滿時，一定要耐心傾聽，不管對方的態度如何惡劣，你要在盡可能容忍的範圍內，體察對方的心意。

武藤先生爲了聽取員工的意見，曾經想出一個相當積極的作法。他在公司各處設置意見卡，就像目前一些服務部門的意見箱一樣，這方法非常有效。另外，可以在員工之中，挑選一些有責任感的人員，負責隨時向領導者彙報員工的意見，作爲員工與領導者之間的橋樑。再者，領導者

不妨經常舉辦定期聚會，增加與員工接觸、溝通的機會。

著名的IBM電腦公司，雖然擁有世界一流的電腦廠商之美譽，然而其在任用人才和聽取員工的意見上，依舊是效法武藤的作法。

在IBM的每一間辦公室的桌子上，都有塡寫意見用的便條和信封，任何人只要想把心中的煩惱和不滿一吐爲快，都可以一一記錄下來，甚至連要求給自己特別獎勵的事，也可以將請求的原因寫下來，直接投入意見箱內。這種意見制度極爲保密，絕不會洩漏當事人的姓名，想提意見的人不會有後顧之憂。

IBM電腦公司還獨創「打開大門」的策略。該公司總經理辦公室永遠是敞開大門的，只要員工需要，隨時都可以和領導者進行面對面的交流。

鼓勵員工關心企業的整體利益、多參與企業的建設、及時將好的意見反映給領導者，是用人術中最需要多多使用的技巧。領導者透過「勢」的作用，可以發現一些優秀的人才，在及時調度人才的心態下，才會收到更大的效益。

## 5 重視和培訓人才

三星集團是韓國規模最大、獲利最多的家族型企業，是韓國家用電器、半導體、精製糖、紙張等產品的最大生產商。在世界上，三星集團也是赫赫有名的企業之一。

三星集團建立於五十年前，創始人李秉哲先生當時只是一家雜貨貿易商，經過幾代繼承人的艱苦奮鬥，才造就成世界一流的企業。三星集團每年的銷售總額占韓國生產總值的三十分之一，而出口額占總額的四分之一。三星集團成功的原因有兩點：一是重視人才及其培訓，二是有其獨特的管理模式。

雖然三星集團的創始人李秉哲先生現已去世，但他所創立的公司信條，仍然成爲眾領導者仿效的金科玉律。李先生曾經說：「以企業的長遠目標來看，人才比資金重要十倍，比技術重要五倍，這是任何企業家都必須掌握的致勝法寶。」一九五七年，李秉哲先生提出用考試錄取領導階層幹部的制度，每當公司對三星集團的經理候選人進行最後面試時，李秉哲先生總是親臨現場、親自把關。他十分自豪地對記者說，他一生中大多數的時間，都用在爲公司挑選和培育人才上面。

李秉哲先生善於審時度勢，深諳用人術的精髓之所在。他總是能夠在關鍵時刻任用恰當的人才，在鼓勵部屬或吸引外來人才時，經常藉由巧妙的語言和縝密的邏輯打動對方。同時他又絲毫

不徇私，他的長子和次子均因考試和面試不合格，而與領導職位無緣。

三星集團非常重視教育培訓，爲此，李秉哲先生特別創辦一處人才教育培訓所，這裡很像軍營，又像商業學校，也是領導動員和宣傳的講臺。每位新員工必須在這裡度過二十四天的「同心協力」和「三星精神」的培養。學員每天早上五點五十分起床，然後到廣場集合，先唱三星公司的主題歌，然後進行踏步、操練拳擊、打靶等訓練。上午學習商業理論，晚上十點以後才是自由活動的時間。歷年來這個中心已培養出一批又一批具有團隊榮譽感、忘我精神的三星人，他們在提高身體體能的同時，也提高了精神素質和專業素養。

和任何一個成功的領導者一樣，李秉哲先生在借鑑他人的用人術和管理術後，又融合創立出自己的管理特色。有一次，李秉哲先生想分派一名員工去邊遠地方工作，一開始那名員工不願意，但經過李秉哲先生親自爲他分析未來發展後，他樂意地接受了這項任務。雖然那名員工到偏遠地方難免會有一些磨難，但可以做自己熟悉的業務，有利於他今後的奮鬥。

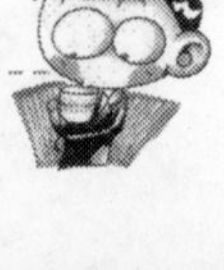

## 6 讓每個人都找到自己的位置

宋朝王安石出任宰相期間，曾經主持過變法運動。他一直認爲朝廷用人需及時、普遍。他在給神宗皇帝的奏書中說道：

「現在選擇人才已經不能再按規矩辦事。那些負責任命官職的人，也不瞭解對方的品德是否適宜，而是看資歷的長短；不去衡量對方的能力是否足夠，而是看他過去擔任過多少職務。擅長文學的卻讓他管理財政；熟悉財政工作的卻讓他去管理刑獄，如此要求一個人具備文武百官所具備的各種才能，在這種情況下，要造就人才當然十分困難，強求部屬做不擅長的事，能眞正勝任者自然就會減少，既然勝任的人很少，那大家就會有樣學樣，最後所有的人都會無所作爲。如果派一個人去掌管禮儀，他絕不會因爲自己是外行而憂慮，因爲以前管禮儀的人也沒有學習過禮儀；掌管刑獄的人，他不會因爲自己不懂刑律而戰戰兢兢，因爲以前的人也沒有學過刑律。」

王安石的這番話，雖然是針對封建皇帝而言的，但仍然適用於現今的一些領導者。如今的上級管理者，同樣會犯類似的錯誤。他們並不是有意去犯錯，沒有誰願意讓自己的事業一塌糊塗，而是他們不知道用人的法則，不明白因勢利導的智慧用人術，只憑個人的想法去指使部屬，難免會造成優秀人才無法發揮的局面。比如讓一位電腦研究人員去管理公司賬目，讓精通會計的管理人員去進行人事考核，都屬於這種錯誤。

古人曾說：「在君子的手下做事不難，難的是如何使他高興。」因爲君子行事光明磊落，用不正當的方法無法打動他。君子用才時，十分敬重有眞才實學的賢士，能眞正達到人盡其才的效用。如果是愚昧的人做領導，那些沒有實才、只會拍馬逢迎的人，只要懂得如何討領導者的歡心，再用點花招，領導者就會很高興，反而在任用賢才的時候，容易因其有板有眼而百般挑剔、求全責備。

現實生活中，聰明的領導者知道用什麼樣的方法引導部屬的感情，達到激發部屬的積極性，鼓勵部屬完成艱巨任務的目的。這些用人藝術，需要領導者在工作經歷中不斷砥礪自己，隨時總結歸納他人的成果，在實踐中更新和創造。

王安石曾說：「一個好的官吏，在提拔和調派人才時，要使本領迥異的人才、有專長和有缺陷的人才、能力強和能力弱的人才，都有適宜的工作崗位。」只要領導者徹底實行這個準則，那麼，即使能力稍爲不足、見識較淺的部屬，也會發奮努力，竭盡全力做好領導吩咐的每一件事。只要使用得宜，那些人才同樣不會讓領導者失望的。

## 7 變招的力量是無窮的

「術」有變術、詭術、技術，但用人是一門藝術，不能簡單應付，作爲領導者，必須掌握用人的技巧，做到用人有術。

所謂用人有術，就是用巧妙的方法來管理人。

1.用人要用忠誠的下屬，如果下屬處處犯難，怎麼能順利地開展工作。

2.企業有刁鑽之人，好人就不會來到；手下有妒忌的下屬，賢能之才就會離去。

3.千里之外去聘請賢人，路途是遙遠的；招引奸佞之徒，路途卻是近便的。所以，高明的領導者寧願捨近求遠。

4.領導若事先周密地確定了用人、瞭解人的策略，在管理中施用其謀略而不露形跡，那麼，用人的藝術就可以不斷提高。

5.企業內廣開賢路，考察賢者而任用，使其位尊，再給以優厚的待遇，使他的名聲顯露。因此，眾多的人才就會競相而至。

6.身邊的人才，使用就會出現，不用就會埋沒。

7.身爲領導，務必收攬那些傑出人物的心，重獎有功的人才，使自己的意志成爲眾人的意志。

用人有術，妙用無窮，不是上面七條技巧所能概括的。尤其是在商業競爭非常強烈的市場時代，用人有術往往是能夠獲勝的「秘密武器」，這就如同國際乒乓球的大賽中的排兵佈陣一樣。因此，用人有術是企業領導智慧的體現，是考驗他們「獨具慧眼」的表現。用人乏術，證明企業領導缺乏管理才智，缺乏調控本領。

## 8 培育核心競爭力

世界著名的跨國公司走出國門經營，使公司的事業歷久彌新地煥發活力並不斷發展、成長，其中最關鍵的高招，當屬成功的培養用人之道來培育核心競爭力，以下這些跨國公司都在中國設有子公司，或許你還鍾愛購買其產品使用，這些公司的用人之道，值得欣賞學習。

肯德基培養「勤奮敬業」的企業精神。肯德基的經營者認爲，公司經營成功，最重要的是培養員工的勤奮敬業精神，這種精神體現在員工文明、高效工作的精神上、餐店內整潔美觀的環境中。爲此，肯德基招聘使用員工，管理者都要對年輕的員工培訓，讓勤奮敬業精神在大堂的牆壁、地磚、餐桌及員工工作形象上體現出來。

奇異公司「造就優秀經營團隊」。奇異公司是國際著名超級跨國公司，在全球有數百家子公司，需要大量的優秀經營者來擔當公司經營重任。前任總經理傑克·威爾許上任的首要工作，是造就一支優秀的經營管理者隊伍，他親自爲子公司的一萬五千多名經營管理者，言傳身教地授課兩百五十次，爲奇異公司培育核心競爭力、經營走向興旺做出了努力。

新力公司「不拘一格，使用人才」。日本新力公司在國際消費者用戶中，已打造出「電器技術精品」的皇冠形象，它經營成功的一個方面，就是不拘一格、使用眞正有能力的人才。新力經營者重視學歷，更注重員工的應用能力。公司決策者認爲，從人才專業學科方面探究，能力是學

歷勤學苦練後得到的結果。如演員出身的大賀則衛，憑自己聲樂及經營方面的專長，被新力公司破格錄用提升爲總裁，爲新力錄音公司日後發展成日本最大的錄音公司做出了貢獻。

松下公司實施「人才再造戰略」。松下經營者認爲，隨著科技的迅猛發展，一個專業人才從學校畢業走進公司工作，若不加緊學習更新知識，整天忙於一般業務工作，其原有的知識在三至五年後就落後了。爲使公司員工的知識技能始終能與時俱進、保持領先，公司必須成爲人才再造的基地。公司除鼓勵員工學習「充電」，還建有三十多個研究所和實驗室，爲科研管理人員提供實踐條件，公司因此也獲得專利產品五萬多項。

日本東芝公司的「壓重擔培養人才」方法。被企業管理界譽名「合理化」先生——士光敏夫，擔任日本東芝株式會社社長後，在培養造就人才中出新招，他認爲，優秀人才是有很大潛能的，能挑得起一百斤重擔的，應交予其一百二十斤，這樣可激發下屬員工的潛在創造力。當然，這與士光敏夫的膽識和經驗是分不開的，事實也證明，他的「壓重擔培養人才」方法是成功的。

## 9 重視人力資源管理

有一本名爲《人在企業》的書，此書介紹了IBM、Cisco、Intel等跨國企業在中國的人力資源管理，內容詳實而有價值。

### 1. IBM的「高績效文化」

在談到IBM時，此書介紹道：每一個員工工資的漲幅，會有一個關鍵的參考指標，這就是個人業務承諾計畫。只要你是IBM的員工，就會有個人業務承諾計畫。制定承諾計畫是一個互動的過程，你和你的直屬經理坐下來，共同商討這個計畫怎麼做會比較切合實際。幾經修改，你其實和老闆立下了一個一年期的契約，老闆非常清楚你一年的工作及重點，你自己對一年的目標非常明白，剩下的就是執行。大家團結緊張、嚴肅活潑地作了一年，到了年終，直屬經理會在你的契約上打分數，直屬經理當然也有個人業務承諾計畫，上頭的經理會給他評分，大家誰也不特殊，都按這個規則走。IBM的每一個經理都掌握了一定範圍的評分權力，他可以分配他領導的那個組的工資增長額度，他有權力決定將額度如何分給這些人，具體到每一個人給多少。IBM在獎勵優秀員工時，是在履行自己所稱的「高績效文化」。

### 2. 朗訊：人力資源經理首先是職業經理人

該書談到朗訊時，引用了朗訊人力資源總監的這個觀點：人力資源經理在今天的企業中，首

先應該是職業的經理人，這一點他和其他經理沒有什麼區別。所以要做一個成功的人力資源經理，首先要問自己是不是一個稱職的管理者。人力資源管理本身也是一門科學的管理體系，不僅要有專門的人力資源管理知識，而且還要有跨學科知識的支援，比如心理學、組織行爲學等，這些方面的要求，都會反映到人力資源管理中。

### 3. Cisco：讓工作和家庭生活平衡

爲了不裁人，所以要找最好的人。Cisco的業績發展不是先找人來開拓市場，而是市場業績在前跑，然後找人跟進這項業務，以業務拉動人的高速發展模式，使Cisco在四十個季度中，沒有一個季度讓股東失望。

Cisco還認爲，士氣跟工作和家庭生活的平衡的關係很大，公司需要幫助員工尋找一個非常好的平衡點。員工在Cisco工作，他能夠勝任挑戰，而且有許多學習的機會，也能對家庭有所照顧，這三個加在一起，才能提高滿意度。

### 4. Motorola：六種最基本的權利

摩托羅拉在招聘員工時，注重這樣一個素質：看這個人有沒有發展意識，既要發展自己，同時也必須發展別人。因爲員工在摩托羅拉發展到某一階段，他就有發展別人的義務。應屆畢業生則看他的社會活動能力，看他願不願意學習，瞭解他的團隊精神，以及這個人是否能適應變化和正確地看待變化。

招聘速度是衡量人事工作的一個指標，對投遞簡歷的應聘者反應速度越快，優秀的應聘者成爲公司職員的可能性就越大。有些職位的招聘會非常快，而相對高層的職位則比較謹慎。這是摩托羅拉的經驗積累。

摩托羅拉公司的每個員工，都有一張IDE卡，這張卡代表了任何一名摩托羅拉員工，都擁有的六種最基本的權利，上面非常簡單地用英文寫了六個問題，這是員工每個季度都要問自己、問公司的六個問題。這六個問題是：

1您是否有一份對於摩托羅拉公司的成功有意義的工作？

2您是否瞭解能勝任本職工作、並且具備使工作成功的知識？

3您的培訓是否已經確定，並得到適當的安排，以不斷提高您的工作技能？

4您是否瞭解您的職業前途，並且它會令您鼓舞，切實可行，而且正在付諸行動？

5過去的三十天來，您是否都獲得了中肯的意見回饋，以有助於改進工作績效，或促成您的職業前途的實現？

6您個人的情況，例如性別、文化背景，是否得到正確的對待而不影響您的成功？

每個季度的IDE問話，實際上就是一種考核，考核自己，也考核主管。到年終對六個問題做總結，這是績效管理的一部分。

## 5. 聯想的職位輪換

聯想將人才分爲不同的層次，第一層是能獨立做好事情的人才，第二層是能帶領一班人做好事情的人才，第三層是能審時度勢、具有策略眼光的人才。對於每一層的人才，聯想都會爲其設計自己的職業發展空間，讓每個人看到自己未來的發展目標。

現在，職位的輪替已經形成了一種制度，做得最好的是大區人員的輪換。通常，公司會把空缺的情況通報給全體員工，然後是員工自願報名，最後由公司決定。派往各大區的人員一般爲一至二年。一些大區輪替回來的人員，有的轉入管理行列，有的繼續從事業務工作。這些人員由於有了最前沿的基礎經歷，做起事情來就有了根底，不會虛無飄渺。

### 6.北電網路的內部挖人

北電網路有一個很深的感受是，人力資源經理需要瞭解公司的業務和自己的客戶，這樣在制定人力資源政策時，就會非常有目標。在北電網路，通常員工大概工作兩年，就會有輪替的機會，當然，輪替要徵詢員工的意見。如果員工有輪替的要求，可以向人力資源部提出來，然後人力資源部會在別的部門給他機會，有時候別的部門也會將這種需求提交給人力資源部，雙方如果都有意，可以通過面試交流，如果大家都同意的話，這個員工通常就會到新崗位進行工作試用。

爲了避免內部部門之間相互挖人，北電網路在制度上有一些基本要求，例如必須在一個崗位工作滿十八或二十四個月，另外，挖人方的經理要給供人方的經理提前打招呼。

北電網路認爲，一個管理者的潛能包括四個方面：一是學習的能力，北電網路認爲，一名員

工的學習能力，比他的知識和經驗可能更重要，因爲市場在發生快速變化，知識不斷更新，學習的速度和能力就變得非常關鍵；二是贏得工作成績的能力，領導不但要善於計畫，而且要善於贏取結果；三是帶動、影響別人的能力，這是領導者的基本，每個經理都要有發展別人的能力；四是對公司業績的貢獻。

### 7. Intel的建設性對抗

Intel鼓勵員工的建設性對抗。Intel認爲，員工之間因爲解決問題而引發的種種爭執，是不可避免的，遮蓋問題也是不對的，因爲問題不會自行消失。這些對立與抗爭是必要的，因爲它代表來自種種不同角度的見解，以求解決問題。關於以結果爲導向的五點規則是：設立挑戰和競爭的目標；關注產出；假想責任；建設性地對抗和解決問題；無缺點地執行。

## 10 準確地化勢以利勢

人類的心智影響著人類的活動能力。有一些主管剛剛上任，或無政績或遭別人非議，令部屬無法眞心臣服。部屬一旦有了這種想法，就會影響到工作效率，這時領導者只有準確地化勢，才能轉危爲安。

每個人的心理狀態有一定的適應性，也有承受負荷的限度。此適應性使人能夠適應複雜的環境；其承受能力超過一定限度，則可能變爲負面的效應。

一位朋友，大學畢業後在一家公司工作，歷年來因爲表現突出，調升至該公司的科研所，由於他辦事練達，資質又高，又能言善道，一年後便被提拔爲研究室主任。

一些比他資深的老職員因此很不服氣，認爲他不學無術，專靠逢迎升官，於是對他極不友善，想盡辦法和他做對，不服從他的工作安排，處處抱怨，甚至散佈流言詆毀他。一開始，那個朋友很氣憤，想找個機會臭罵他們一頓，但友人告誡他說：「身爲主管，應該保持平常心，面對這些不利於你的指責或詆毀，最好的方法是充耳不聞、視而不見，以沈默來對抗，然後選準時機，有力的斥責一番最有成效。」

這位朋友果然沈默以對，不去和那些人計較，全心全力地投入自己的研究工作中，那些想乘

機發難的部屬，由於失去了對抗的目標，反抗心理也平靜不少。半年之後，那位朋友藉由一位部屬的小失誤，聲色俱厲地訓斥他們一頓，說得那些老職員慚愧不已。自此以後，部屬開始眞心和他合作，現在他們之間甚至還會彼此開一些無傷大雅的玩笑。

在企業活動中，主管未必就是公司或企業的創辦人，許多員工對陌生的主管都會充滿敵意。有的不服氣主管的資歷，認爲「老子打江山時，你還沒出世」；有的看不起新主管的學歷、素養；有的認爲主管不近人情、存心刁難自己等等。

在這種情況下，如果主管仍採取以上制下的強硬措施，便會讓部屬產生強烈的反感。因爲部屬此時根本沒有接納、認同你的心態，好話、壞話他都聽不進耳，這種非理性的心理狀態，讓他們對主管有先入爲主的成見，主管所說的一切，他都認爲沒有道理，甚至認爲主管是在爲難他。人類的劣根性就是不願當眾承認過失，假如是他心服口服的主管，情形也許會改觀，但如果是他心懷成見的主管，就不可能讓他聽從，如果你堅持他要服從，只會讓彼此爭執不下而影響工作進度。

能夠掌握部屬心理的主管，必定是能善於發揮用人術中「以勢相激」的法則。在這種情況下，主管最好是保持沈默，讓時間來淡化部屬的反抗情緒。當部屬的反感沖淡後，主管就可順勢而爲，冷靜地和部屬交流彼此的看法及意見。

運用這種「化勢以利勢」的用人方法，主管要摸清部屬反抗的原因，對症下藥方是良策。要知道，體貼、諒解部屬並不是懦弱的表現，而是一種用人的策略，這需要主管花費巨大的耐力。



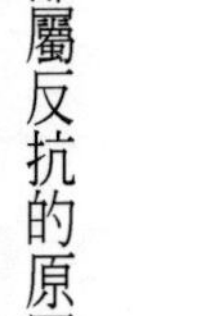

## 11 網羅人才以造才勢

二十世紀幾乎是美國稱霸的世紀，從一九〇一年到一九七九年八十年間，美國人獲得諾貝爾獎金的人士共有一百一十八人，占諾貝爾獎得獎人數的百分之三十一點五，這比例是極高的。其實，在眾多的獲獎者當中，純粹爲美國人的並不多，有四十三名得獎者是其他國家的人才，他們都是被美國政府以勢相激加以網羅而來。

美國高唱要保護智慧財產權，這使得美國獲得了巨大的利益。著名的外交家季辛吉博士、科學家愛因斯坦等都是德國人，布里辛斯基博士是波蘭人，西亞德是匈牙利人，他們都被美國政府吸收重用，繼而爲美國創造輝煌的成就。

據統計，僅僅在一九六四年到一九七七年間，美國從世界各國延攬的高級人才約二十四萬名，這些人都是頂尖的科學家，據保守估計，這二十四萬人替美國賺進了將近一百二十億美元。這只是計算了二十四萬人的教育所得費用，還不包括他們的科研成果所獲得的經濟效益，美國採取網羅各國人才的辦法，加速了美國科學技術的發展。

爭取時效、網羅人才的辦法，是美國政府的得意政策。第二次世界大戰結束後，美國派了三千名科學家到德國，利用各種關係進行調查。短短兩個月的時間，他們向美國政府呈遞了十五萬字的調查報告，把戰後德國科學家的情況，鉅細靡遺的反映到美國政府高層。美國政府經過審議

後，批准網羅德國人才的建議，並派一百架飛機，將德國科學家全都接到美國。然後一個個進行考核，合格留用的科學家，以每年三至五萬美元的報酬爲美國服務。

二十世紀七○年代，瑞典有一位年輕的科學研究人員，發明了一種電子筆，這支筆可接收到人造衛星上傳送下來的資訊，據此可畫出三種不同的顏色，每種顏色又有十種不同的色調，利用這項技術，可以把衛星輻射下的森林、礦產、田野資料都畫出來。美國政府耳聞後，決定重金聘請，而瑞典政府也用盡方法挽留這位科學天才，最後兩國分別和這位研究人員展開酬勞交易戰。最後，財大氣粗的美國連人帶筆奪才成功，解決了當時美國地球資源衛星的一大技術難題。

雖然美國時常宣稱無償援助其他國家，但這之中卻讓美國輕易網羅了天下人才。如美國當年資助菲律賓一點二億美元，條款中有一條：「允許菲律賓的高級科學家到美國」。僅靠這一條條款，讓菲律賓的許多科學家爭相奔向美國，讓美國賺了近六千萬美元的教育經費。又如美國和南美國家的協定中，規定允許南美洲高級醫生進入美國，結果造成南美洲醫學人才大量外流。

美國政府認爲，聘請一個人才加入美國國籍太昂貴。因爲人才不可能天天都創造得出成果。一個人最有利用價值的時間，是在研究生畢業後的幾年之內，在這個階段，人的研究、記憶、創造能力，都保持在最佳狀態。所以美國廣泛採取邀請客座教授的辦法，招攬世界各國的研究生到美國工作數年，並給予很高的酬勞待遇。這些人一到美國，政府就派人跟著學習他們的知識和專業技術，眞是個既省錢又省力的育才方法。

## 12 先屈勢而後成勢

藺相如，在趙國是宦官繆賢的門客，一直默默無聞。他被推舉出來施展雄才，是與一塊天下無雙的寶玉密切相關的。

繆賢有一次花了五百兩黃金，買到了一塊光潤無瑕的寶玉。他請一位玉工雕琢，玉工看見這塊寶玉，大吃一驚，告訴他這是和氏璧。以前楚國相昭陽丟失，懷疑張儀偷盜的就是這塊寶玉。這塊寶玉，放在暗處自然有光，冬暖夏涼，能避蚊蠅，是無價之寶。

繆賢得寶玉的消息，早就有人告訴了趙惠文王。趙王向繆賢要這塊寶玉，繆賢不願意忍痛割愛。趙王很生氣，有一次乘繆賢不在家，親自帶人到他家搜出這塊寶玉帶回王宮。

繆賢回到家中，知道這件事後，嚇壞了，急急忙忙就要逃走。

藺相如一把抓住他的衣服，問：「您到哪兒去？」

繆賢說：「我打算逃到燕國。以前我和大王在邊境上見到燕王，燕王曾私下與我結好！」

相如說：「您錯了。那時您得寵於大王，趙國強、燕國弱，所以燕王才想和您結好。現在您逃亡到燕國，燕國畏懼趙國，一定會把您捆起來送給趙王！您沒有大罪，不如主動向大王叩首請罪，一定會得到赦免！」

繆賢按照相如的話去做，果然平安無事，從此，藺相如受到繆賢的重視，被升爲上等門客。

後來，藺相如逐漸被重用，最終成了相國。

## 13 衆人同心，其力斷金

孟子說：「天時不如地利，地利不如人和。」由此可見「人和」對於事業成功的重要性。上至國家、下至企業，要想辦成一件事，都離不開「人和」。現代企業必須使公司反應更靈敏、更易與人溝通，並鼓勵員工同心協力，爲越來越挑剔的顧客服務，這樣才能成爲眞正的贏家。

西門子公司最大的特點是凝聚力強。領導者能鼓舞職工的信心，並把公司的目標根植在每個職工的心中，集結每一個人的努力，將之引向整個公司所追求的最終成效。西門子公司採取各種各樣的措施，激發員工的責任感，培養員工的敬業精神，努力營造一種融洽的公司內部氛圍。西門子公司有主管與職工談心的傳統，目的在於加強思想溝通、改進領導工作、增強合作意識，讓公司的員工感受到一種「家庭式」的關懷，並由此激發員工的潛能，盡心盡力爲公司做事。

西門子公司一八七二年設立的撫恤金制度規定：定期把年利潤的一大部分提出來，作爲職工的紅利和雇員的獎金，以及他們在困難時的救濟金。由上述制度的建立生發出來的集體精神，使西門子公司的全體成員，與公司緊密地聯繫在一起。公司領導人也公開承認，公司大部分成就的取得，都是與這一措施分不開的。

公司創始人韋納．西門子臨終時告訴繼任人：「我早就認識到，只有全體工人友好、自發地合作，以完成他們的共同利益，才能使不斷發展的公司，保持令人滿意的發展形勢。」繼承者就

是遵循他的教誨領導著公司，致力於不斷擴大公司的福利事業、制訂不同工種的勞動保護措施、職工醫療福利等政策，把公司員工的努力，彙集到公司發展這一目標上，使得西門子公司步步上升，成爲聞名世界的跨國大企業。

第四絕

# 以利相誘

Chapter 4

古人云：「重賞之下，必有勇夫。」

這正是此項用人方法的中心要旨。

領導者在運用這一法則時千萬要記住，不要許下空頭諾言，

既以「利」相誘，必然要使部屬得到「利」，

這樣才能令部屬俯首聽命。

這裡所指的「利」，既包括物質上的「利」，也包括精神上的「利」。

只有把這兩種「利」結合起來，才能把以「利」相誘發揮到極至。

大家都知道，任何一名員工之所以努力奮鬥，所爭取的絕不只是精神上的財富，而是實質利益，它左右著部屬工作的積極與否。

唐代文學家陳子昂上書皇帝：「選拔官吏一定要唯賢任用，國家才會太平殷富。然而君子和小人各崇尚其同類。陛下如果愛賢才卻不用，用人又疑，不能有始有終，必要的讚揚和獎勵又不給予。那麼，雖有賢才，他們也不會爲陛下效命。若以之爲誠，則天下英才都將彙聚在你身邊，聽候你調遣。」

我們知道，無論古今中外怎樣的不同、怎樣的差異，其間的如何變化紛亂，探其究竟，不外乎用人的原則，那就是：育才、取才、貯才、用才、以德感人，以利誘人應是用人的自然行爲，也是用人的策略。

在歷史上行仁施惠的例子很多，曹操施惠於關羽，宋太祖解裘帽賜給王全斌等，以利相誘是古來今往的最高用人術。

古人用誠信兩字取天下，就是對部屬講究「情義利」，特別是市場經濟的今天，「利」對於每個人來講都是非常重要的，選用人才時，以「利」相誘是種最有效的用人方式。

## 1 一句暖語收人心

一般人常把「夫妻一體」這句話掛在嘴邊。有的領導卻能充分利用這點，抓住了部屬的心，使他們工作更有衝勁。家庭是構成社會的基礎單位。有遠大理想的領導者，在重視部屬的同時，還要懂得尊重部屬的太太，關心部屬的家庭。一般的企業機構慰勞員工時，往往忽略在背後支持他們的勞苦功高的太太，這實在是有欠深慮。

馬來西亞有一家速食公司，這家公司每一位員工的太太過生日時，一定會收到公司經理吩咐花店送來的一束漂亮鮮花。

事實上，這束鮮花的價錢並不昂貴，卻能讓太太們高興一整天。她們會眞誠的向丈夫說：「你的主管眞是善解人意，我每年過生日，都一定會收到他的鮮花。」

這家公司固定每年的六月和年底發放獎金，四月份還會再加發一次獎金。這位經理又想出一個高明的招數，將四月份的獎金稱爲「結算獎金」，並不直接交給員工，而是發給他們的太太。只有尚未成家的員工，才把獎金直接發給本人。

於是員工們戲稱這是「太太獎金」，因爲公司的主管人員，特別以員工太太的名義在銀行開戶，再把獎金存入太太們的戶頭，那些先生們根本無法動用一分一毫。

公司經理在每年年尾時，都會向太太們寄上一束鮮花，和一封言辭懇切、充滿感恩之情的短

函：「公司能有這麼好的業績，要特別感激諸位太太的鼎力幫助。雖然直接參與工作的是你們的先生，可是，如果沒有你們這些賢內助，先生們的工作成績將大打折扣。所以，你們應該得到公司的獎勵。另外，懇請繼續協助先生認眞工作。」這種方式當然大獲好評。許多員工太太紛紛表示她們的謝意，並提出許多難得的意見。

男人能在公司裡充分發揮才幹，是因爲有一位賢內助善於理家，使他無後顧之憂。這家速食公司的經理，確實是用人術的高手，他採取迂迴戰術，選定新目標，然後以利相誘，令直接獲利的太太們去鼓勵先生，效果確實不錯。

日本有一家公司，每年都在大酒店舉行聯歡會，規定所有已婚的職員，必須帶著太太出席晚會。席間，這家公司的社長總會這樣說：「各位太太，你們的先生對公司有很大的貢獻，關於這點我眞心的感謝，只有一件事想請你們幫忙，那就是好好照顧你們先生的健康，我希望把他們培養成一流人才，但我無法一一兼顧他們的健康，因此只有拜託你們了。」

太太們聽了這番話，都相當感動，而那些員工則更加激動，覺得遇上這麼一位深知人心的領導，眞是幸運，並誓言要以十倍的工作熱忱來回報。

## 2 創造環境穩人才

任何一名員工都希望主管重視自己，能站在自己的立場，考慮自己的利益，讓自己有安全感和歸屬感。作爲主管，也的確必須考慮員工的利益，讓他們沒有後顧之憂，工作時才能使出渾身解數，達到高效率狀態。在一個缺少主管關心的企業裡，員工每天的心情便如臨深淵、如履薄冰，工作時也會顧慮重重。雖然他們同樣會遵守規則、完成任務，但如果主管想期望他們盡情發揮創造，幾乎是不可能的事。

心理學家將人類的需要分爲幾大類：第一類是生理需要；第二類是安全需要；其他爲社會需要、自我實現需要等。無論哪一種需求，都符合利益的特點。每個人都希望自己的付出，能得到合理的回報。因此我們可以說，每名員工都希望領導能夠關心並安排自己的將來。

美國有一家公司，率先推出幫員工購買健康保險的制度後，員工工作的積極態度明顯提高，幾個本想準備跳槽的優秀人才，也因此安下心來投入工作。這一切都是因爲領導使他們無後顧之憂，讓他們能夠安心地投入工作。其實，一個大型的企業，員工的層次不一，有些人從事體力勞動；有些人從事腦力勞動，不管何者，對他們而言，最關心的是失業以後的生活費用來源、退休以後的生活保障，這些人始終害怕主管不重視他們，沒有爲他們的未來打算，怕主管藉故扣除獎金、退休金。這些擔憂使得他們在工作時持著觀望態度。如果是懂得用人術的領導者，一定會儘

快消除員工的不安全感，以達到激勵員工的目的。

如何才能消除員工的不安全感呢？首先，要創造一個人性化的工作環境。任何職場不能沒有管理制度，也不能沒有工作壓力，但是過於苛刻的管理，會影響領導者與部屬的和諧關係，打擊員工的熱忱；過於鬆懈，又容易造成散漫作風，讓工作效率爲之降低。只有高壓、懷柔並用，才是長久之計。以員工的切身利益和立場爲出發點，掌握好利益的尺度，方可使公司前途不可限量。

身爲領導者的你如果曾規定過：上班時間不准串門子。但當一名部屬由於買彩票而中了大獎，欣喜之餘，四處炫耀，在這種情況下，你就不能當場嚴厲斥責他，否則有矯枉過正之嫌。又如一名員工因爲孩子發高燒，爲了送孩子上醫院而遲到，身爲領導者雖然可以扣除員工的獎金，但不能嚴厲的指責，否則就顯得沒有人情味。

如果領導者執行公司政策時，一方面懂得切實體貼員工，多站在員工的立場想一想，充分理解員工的苦衷；一方面採用軍事化的管理方式，該批評時給予批評，只要態度和藹一些，不故意傷害員工的自尊心，給犯了錯誤的員工改正的機會，如此反而容易籠絡人心，激勵員工的鬥志。

如果你發現有些員工，擔心自己的業務成績低而被炒魷魚，你可以爲他們制訂一項培訓計畫，幫助他們提高業績和工作能力，增強他們工作的信心。如果有員工擔心自己曾上諫領導，而怕因此影響晉升，你可以明白地告訴他，晉升是以工作的實際成績爲依據的，不是憑藉領導者的

好惡，讓他對未來充滿希望。

另外，領導者還需用心創造溫馨的氣氛，使員工有一種家的感覺。領導者要能主動和部屬溝通感情，對部屬的父母、子女表示關心，必要時給予你能力所及的幫助，經常和部屬一起用餐、集會。不時開一些小玩笑，拉近彼此之間的距離，尊重員工的人格，多用一些平等的稱呼和禮貌用語。以低姿態和部屬討論技術問題，多做一些「感情投資」，如送生日蛋糕給員工，節日上門拜訪等加深親切感，這些是極佳的用人藝術。

## 3 仁義待人結其心

春秋戰國是中國歷史上一個動盪、變革的時期。在這個時期，中國逐漸走向封建制度。

當時各諸侯國內部權力的鬥爭，如火如荼地進行著，諸侯之間爭奪霸權的戰爭連年不斷。在這種禮樂崩壞、社會紛亂的時代，爲了適應政治集團的需要，出現了「士」的階層，養士之風爲之盛行，王室名門或有勢力的政治家，從社會上網羅良才到自己門下，提供食宿，甚至照顧他們的家人，讓他們發揮自己的才能爲主人出謀劃策，從而幫助主人擴大政治勢力。

當時有著名的「養士四公子」，其中以孟嘗君田文最竭盡心力，以致後來的人把「孟嘗」二字作爲急公好義、禮賢下士的代稱。

田文是齊國的公子，在齊國勢力極大，他有門客數千人，是諸國既羨慕又懼怕的一位公子。許多賢士聽他對人才禮遇有加，都競相自四面八方前來投奔。有一個名叫馮諼的人很有才能，由於家境貧窮，便足蹬草鞋，穿著一身破舊的衣服來見孟嘗君。孟嘗君問他：「先生不辭辛苦來到我這裡，有何賜教嗎？」

馮諼說：「我是一個無用的人，只是聽說你好士養客，我由於窮困潦倒，只好來投奔您。」

孟嘗君便收留馮諼，把他安置在下等房屋住下，十幾天後，孟嘗君問同一屋子的人：「新來的馮諼每天都做些什麼？」

那人回答說：「這位馮先生很窮，穿著很樸素，隨身只帶了一把沒鞘的劍，以草繩拴在腰間，每天吃飯總要用手指彈著劍鋒唱……劍啊，吃飯沒有魚也沒有肉，咱們還是回家吧！」

孟嘗君知道馮諼認爲他招待不周，於是將馮諼換到二等房舍，吃飯時爲他增添魚和肉。過了幾天，孟嘗君又問管理的小吏，馮諼每天在做些什麼。

那位小吏回答道：「這幾天馮諼還在彈劍唱歌，唱的是：『劍啊，出門沒有馬車坐，咱們還是回家吧！』」於是孟嘗君又將他換到第一等的房舍，並特別爲他準備車馬以供出行之便，結果馮諼每天還是在唱：「劍啊，家有老母無人養，咱們還是回家吧！」孟嘗君知道後，又派人送錢及食物到馮諼家裡，並託人照顧他的老母親，馮諼這才安心住下。

有一次，孟嘗君派馮諼至薛地幫他收賬，結果馮諼卻把收來的錢賞給農民，而且還將所有的借據燒了。孟嘗君聽後大怒，馮諼解釋說：「我雖然燒毀了那些債券，卻使先生得到了愛民的美譽，流芳千古，我爲你收回的是『義』。」孟嘗君這才稍爲釋懷。

後來齊閔王聽信流言，收回了孟嘗君的相印，將他罷黜。平時那些高談闊論的食客，聽說孟嘗君失勢，便紛紛離開，只有馮諼留下來給孟嘗君駕車。那些昔日被馮諼免去債務的百姓聽說孟嘗君歸來，都出來迎接他，並爭獻酒食。孟嘗君此刻才知道馮諼是個不可多得的人才。後來馮諼又遊說秦襄王，讓秦國前去迎接孟嘗君爲相。

孟嘗君以仁義待人、以利結其心，使馮諼甘心爲他奔波，最後借助馮諼之力保住了富貴及權

勢。

就實際而言，在提拔人才或選用人才時，領導者一定要以仁義之心待他，以後他也必會對你有所幫助。

## 4 獎賞與鼓勵有技巧

美國一家工廠的主管傑夫說：「如果你的員工不能在八小時的工作時間內，做完分內工作，不是分配的任務過重，就是員工的能力堪議。」傑夫先生擔任主管期間，每天下班之後，都會到工廠裡繞一圈，命令那些還在崗位上忙碌的員工回家。雖然許多人都認爲他這種做法欠妥當，但事實證明，在他擔任工廠主管的幾年內，工廠始終以最快的速度運轉著，產品品質極佳，數量也達到標準，工作績效也相當良好。

傑夫先生經常與員工親近，使員工覺得領導者是爲自己的利益著想，無形中也提醒他們，領導者希望他們在規定的時間內完成任務。領導者若想使用以利相誘的用人術，必須用精神或物質的利益，去激發員工的創造力。傑夫先生的做法，就是使員工在精神上多一種溫暖感；工作時也多一份使命感。

後來接手的主管利克斯先生，卻不太贊同傑夫先生的用人之術，他認爲如果員工眞正想做好工作，八小時的工作時間是不夠用的。另外，一個只想等下班時間一到拔腿就走的人，是不可能有奉獻精神的。於是他將傑夫所訂的制度大爲改變。員工們必須早到晚走，上班時可先喝一杯咖啡，聊聊天；中午吃飯的時間，由原來的半小時延長爲一個小時；上班前半小時可以先做一些與工作無關的事。他認爲這種用人術很「民主自由」，以這樣的管理方式會收到良好的效果，事實

卻恰好相反，這種方法實行沒多久，產品的數量和品質就開始大幅滑落。

其實，傑夫先生的做法相當正確，是運用用人術中以利相誘、俯首聽命的最高手段，迫使員工創造成果和確定目標導向。每一名員工都知道，必須在八小時內完成工作，因此，員工都養成積極的工作態度和有節奏的工作習慣，但利克斯卻在時間上給員工太大的彈性，工作時間長但又沒有什麼佳績的員工，反而受到讚賞，這樣的用人術只會浪費時間，使員工工作時敷衍了事。

任何職場都可能發生這種狀況，他們普遍認爲，工作時間長的員工，就是好員工，但他們從來不關注這些員工創下的成果是好是壞。有的領導還以此爲考核標準，給予他們實質上的豐厚獎勵，事實上這是在讚美員工的忙碌而不是成績。身爲一個善於用人的領導者，獎勵員工的標準應該是看他們創造的效益，而不是工作時間的多寡。

在領導員工進行創造的同時，要力求避免出現「徒勞無功」的局面。對於事半功倍的員工，要特別鼓勵與支持，要用精神或實質的利益激發員工。

## 5 以利相許聚精英

一九九四年一月，美國《時代》雜誌公佈一項評選結果，全美最出類拔萃、最有實力的十家企業中，3M公司榮登榜首，公司的總經理則被評爲「最會用人的領導者」。

3M公司是美國知名的企業之一，它是一家綜合性的企業，其產品結構不是靠單一的品牌獨撐大局，而是呈蜂窩狀組織模式。產品共有九大類，每一類的營業額都沒有超過公司總額的五分之一，整個公司有四十多個分部，無數的優秀人才在其職位上，發揮著巨大的效用。

到目前爲止，3M公司已生產超過五萬種產品，新產品創造的利潤，每年都占營業總額的四分之一以上，每年推出的新產品，不會少於兩百種，不僅如此，公司還以追求特色、講究新產品的獨特性能爲追求。例如新開發的採礦設備，比早期同類產品多了一些偵測二氧化碳含量顯示等特殊功能，這些往往是採礦過程中最爲關鍵的所在。因此，產品源源不斷地進入國際市場，由於競爭力極強，顧客都比較青睞3M公司的產品。

3M公司之所以能有這樣輝煌的成就，在於它有一位優秀的總經理，和旗下一批博學肯幹的人才。其總經理在公司創建不久，就摸索出一套任用人才的方法，他稱之爲「探險者」。整個公司有數百個「探險者」組織，每個組織由十幾名人員組成，這種頗具特色的組織，是以開發新產品爲首要目的，同心協力地爲公司的創新而努力。

首先，由提議人籌組，採取自願組合的方式。從研究人員、管理人員、銷售財務人員到一般工人，不管是什麼職務，只要看準一個「議題」，就可以招兵買馬，成立「探險者」組織。被請來的成員聚集在召集者的周圍，公司給予這個組織極大的自主權及各方面的支持，直到做出成果爲止。其次，創新範圍沒有限制，無論產品是否符合3M公司的要求，只要能創出高額銷售量，公司都會全力支援，並實行自由競爭，把市場競爭觀念引入公司內部，允許小組之間展開良性競爭。

3M公司的總經理認爲，這樣的實驗，失敗是無可避免的，因爲任何試驗難免會有失敗和挫折。當實驗失敗、人心潰散，甚至組織瀕臨解體時，總經理就會站出來鼓勵大家，有時用加薪、休假等辦法激發「探險者」的創造性。領導者此時不但不加阻攔，還幫助部屬排除來自內外的干擾，減少阻力，甚至在不得已時，還親自出面調停內部糾紛，支持他們順利完成任務。

自己本身就是「探險者」成員之一的總經理說：「任何人都要堅持到最後，不要怕犯錯誤。」如果試驗一旦成功，則其職務及薪水獎金，就會隨著產品銷售額的增長而不斷攀升。其中有一位工程師，就是因爲勇於試驗而持續不斷地成功，最後成爲一個獨立的產品部門負責人。

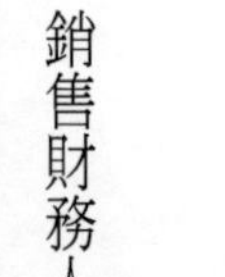

## 6 恪於信守，尊重下屬

在一般領導者的觀念中，企業給職員的薪水不可能太高，否則會因爲利潤削減而使企業瀕臨倒閉。

在日本，薪水最高的是職員，依日本產業勞動調查所的資料顯示，一九八二年，全部產業機構職員平均薪資爲四百九十三萬日元，另有一些企業的職員薪金高於此數，像日本麥當勞的職員，平均年收入在七百萬日元以上。

薪金是激勵部屬積極工作的重要原因，它是激發內在原動力的利器。現實生活中，人們的各種行爲，都有一定的動機來推動，而動機產生於人們想要得到物質或精神滿足的強烈需求。

每個人的需要有基本和高級之分，基本需要即是實質需要；高級需要則是精神需要。開發部屬的積極性，既要滿足他們的精神需要，也要滿足他們的實質需要。

身爲一個領導者，如果把公司的發展目標與部屬個人需求，巧妙的結合在一起，鎖定目標，以實質利益或精神利益引發部屬的動機，就可以激發部屬的積極性。

在《六韜．龍韜，論將第十九》中，周武王請教姜太公關於選擇將帥的問題，姜太公說：「將帥應具備五種美德，避免十項缺點。五種美德是勇、智、仁、信、忠。」其中又特別強調「信則不欺」。另外，孫武也把「信」作爲將帥應當具備的五個基本條件之一，孫武指出，將帥平時以「信」帶兵，推心置腹的對待士卒，率兵打仗時，士兵就會忠心耿耿的服從指揮而不退縮，這樣的軍隊，攻無不克、戰無不勝。

利益牽動著每一個人，凡是關心部屬個人利益的事，一定要言而有信。這樣的領導，才能贏得部屬的信任和支持，他們才會心甘情願地跟隨領導。

三國時期，諸葛亮專注於籌備進攻隴西的工作，長史楊儀向其報告說，軍中有四萬人按規定應該輪換回鄉休息。諸葛亮當下命令這些士兵收拾行裝，準備返鄉。此時，魏軍突然攻至，楊儀建議讓這些士兵留下應敵，諸葛亮說，用兵遣將，以信爲本，軍情再急迫，也不能失信。他對那些士兵講道：「你們在外征戰已久，父母妻兒無不倚門而望，我怎能將你們留下呢？」結果，反而讓士兵們深受感動，幾次下令都無人願意啓程回鄉，諸葛亮只好命令他們參戰，結果蜀軍士氣大旺，加上魏軍遠道而來，早已疲態畢露，一經交鋒，蜀軍便大獲全勝。

可見，恪於信守，尊重部屬的利益，克服困難去實現曾許下的諾言，才是最高段的用人術。

## 7 建立適度的獎賞制度

作家克雷洛夫筆下的傑米揚，燒得一手好魚湯，深獲朋友們的讚賞，每次宴請賓客時，大家都對他所煮的鮮美魚湯讚不絕口。有一次，他宴請眾友，一連上了十道菜竟然都是魚湯，吃得大家直倒胃口，再也不敢上他家了。

雖然這是一則笑話，卻值得我們深思，做任何事都要適度。隨著經濟的發展，「精神萬能論」像消融的冰山一樣崩解了；此時，有些領導者又滑向了另一個極端，成了「物質萬能」的推崇者。凡事必用錢來解決，導致一些部屬有錢就做、沒錢就躲，造成了領導者始料未及的負面效應。

「爲政者不賞私勞、不罰私怨」。許多公司都存在這麼一種情況：一說要發獎金，大家都很高興，但獎金一到手裡便怨聲四起，造成了所謂的「不如不發獎金反而平安的局面」。有些領導者爲此大惑不解。其實，原因就出在領導者身上，他們犯下了有失公正、用利不公的錯誤。用利不公的現象，會爲一個企業的建設和發展帶來許多不良的影響，不僅會挫傷部屬的積極性，失去獎勵的原本意義，又會使得領導者和部屬的關係疏離。因此，身爲領導者，在獎賞上一定要持有公正之心。

在義大利米蘭，有一家高居服裝業之首的企業，其獲利之高，就連義大利最大的愛迪達體育

用品公司也屈居其後。這家服裝公司在管理上很有特色，公司的領導者善於運用利益槓桿，來掌控員工的積極性。

公司經理認爲：公司充滿著緊張而又活躍的勞動氣氛，這種活力來自於競爭，包括個人與個人之間合作競爭的工作關係。對一個企業來說，若沒有一批優秀的職員，無論體制多麼完善、資訊多麼靈通，都不會取得好的成績。這家公司評價職員的優劣，是以實際工作成績爲標準，既注重職員明顯的具體成績；又重視職員的挑戰精神和承擔風險的能力。墨守成規、毫無創造性的職員，儘管他們孜孜不倦的工作，也得不到領導者的賞識。

這家公司的經理還制定一套獎勤罰懶的薪資制度，期望用「以利相誘」的智慧用人術，使職員俯首聽命於領導者。職員一旦取得成績，立刻以晉級加薪的實際形式來獎勵。公司職員的基本薪資差異不大，但獎金拉開了職員的收入差距，獎金的多寡由職員的三方面來決定：第一是幹勁，沒有工作幹勁的職員，即使有知識、才能，也不予重視，因爲他們不但沒有做出貢獻，反而造成不良的影響；第二是智慧，要求職員積極爲公司出謀劃策；第三是人品，無論多麼能幹的職員，如果他的人品不好、不謙虛，難以與人合作相處，仍不予重用。

利益具有反複性的特點，這給領導者提供了一些智慧用人術的啓示：

一、要對少數人用利相誘，達到誘發多數人起而效之的作用；

二、是要逐漸加重利益的量，以擴大調動部屬的機動性；



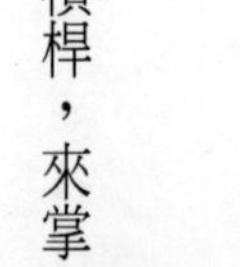

三、是要有明確的目的，要針對相關的職員採取以利相誘的技巧；

四、只要反複使用，就能讓職員的積極熱情持之以恆。

## 8 壓力與激勵相結合

在化工行業，一提到王永慶，幾乎無人不曉。他把臺灣塑膠集團推進到世界化工工業的前五十名。台塑集團取得如此輝煌的成就，是與王永慶善於用人分不開的。他從多年的經營管理實踐中，創造了一套科學用人之道，其中最爲精闢的是「壓力管理」和「獎勵管理」兩大法寶。

王永慶始終堅信：「一勤天下無難事」，他一貫認爲承受適度的壓力，甚至主動迎接挑戰，更能充分表現一個人的生命力。

王永慶的生活閱歷，使他對這一問題的感受比一般人更爲深刻。他在總結台塑企業的發展過程時說：「如果臺灣不是幅員如此狹窄，發展經濟深爲缺乏資源所苦，台塑企業可以不必這樣辛苦地，致力於謀求合理化經營，就能求得生存及發展的話，我們是否能做到今天的PVC塑膠粉粒及其他二次加工均達世界第一，不能不說是一個疑問。台塑企業能發展至年營業額逾千億元的規模，可以說就是在這種壓力逼迫下，一步一步艱苦走出來的。」他又說：「研究經濟發展的人都知道，爲什麼工業革命和經濟先進國家會發源於溫帶國家，主要是由於這些國家氣候條件較差，生活條件較難，不得不謀取一條生路，這就是壓力條件之一。日本工業發展得很好，也是在地瘠民困之下產生的，這也是壓力所促成的；今日臺灣工業的發展，也可說是在『退此一步，即無死所』的壓力條件下產生的。」

事實的確如此。台塑企業如果在當初不存在產品滯銷，在臺灣沒有市場的問題的話，王永慶就不會想出擴大生產，開闢國際市場的高招；沒有臺灣塑膠粉粒資源貧乏的殘酷事實，他就不會有在美國購下那十四家PVC塑膠粉粒工廠之舉。當然，台塑公司也不會有今天的規模。

王永慶深刻地研究了這一問題，把它用於企業的管理中，創立了「壓力管理」的方法。壓力管理，顧名思義，就是在人爲壓力逼迫下的管理。具體地說，就是人爲地造成企業整體有壓迫感，和讓台塑的所有從業人員有壓迫感。

首先是企業發展的生命力。隨著時間的推移，台塑企業的規模是越來越大，生產PVC塑膠粉粒的原料來源，將是一個越來越嚴峻的問題。儘管台塑在美國有十四家大工廠，但美國的尖端科技與電腦是領先世界各國的。台塑與這樣的對手競爭，壓力是十分巨大的。他們必須去開闢更多的原料基地，企業才會出現第二個春天。這既是企業的壓力，也是王永慶的壓力。

再說全體從業人員的壓力。台塑的主管人員最怕「午餐彙報」。王永慶每天中午都在公司裡吃一盒便飯，用餐後便在會議室裡召見各事業單位的主管，先聽他們的報告，然後會提出很多犀利而又細微的問題逼問他們。主管人員爲應付這個「午餐彙報」，每週工作時間不少於七十小時，他們必須對自己所管轄部門的大事小事十分清楚，對出現的問題作過眞正的分析研究，才能夠過得去。由於壓力太大，工作又十分緊張，台塑的很多主管人員都患有胃病，醫生們戲稱是午餐彙報後的「台塑後遺症」。

王永慶呢？他每週的工作時間在一百小時以上。由於他追根究底、巨細無遺，整個龐大的企業都在他的掌握之中，他對企業的運作的每一個細節也都瞭若指掌。由於他每天堅持鍛煉，儘管年逾古稀，但身體狀況仍然很好，而且精力十分充沛。

隨著企業規模的擴大，人多事雜，單靠一個人的管理是不夠的，必須依靠組織的力量來推動。台塑在一九六八年就成立了專業管理機構，具體包括總經理室及採購部、財政部、營建部、法律事務室、秘書室、電腦處。總經理室下設營業、生產、財務、人事、資材、工程、經營分析、電腦等八個組。這猶如一個金剛石的分子結構，只要自頂端施加一種壓力，自上而下的各個層次便都會產生壓迫感。

自一九八二年起，台塑又全面實施了電腦化作業，大大提高了經濟效益。

「壓力」是必要的，但是合理的激勵機制也是不可缺少的。王永慶對員工的要求雖近苛刻，但對部屬的獎勵卻極爲慷慨。台塑的激勵方式有兩類。一類是物質的，即金錢；一類是精神的。有關台塑的金錢獎勵，以年終獎金與改善獎金最有名。王永慶私下發給幹部的獎金稱爲「另一包」（因爲是公開獎金之外的獎金）。這個「另一包」又分爲兩種：一種是台塑內部通稱的黑包；另一種是給特殊有功人員的槓上開包。一九八六年黑包發放的情形是：課長、專員級新臺幣十萬至二十萬；處長高專級二十萬至三十萬；經理級一百萬。另外還給予特殊有功人員兩百萬至四百萬的槓上開包。走紅的經理們每年薪水加紅利可達四、五百萬元，少的也有七、八十萬元。此外還設有成果獎金。對於一般職員，則採取「創造利潤，分享員工」的做法。員工們都知道自己的努力會有代價的，因此他們都拼命地工作。台塑的績效獎金制度，造成了一加一等於三的效果。

多年來，王永慶在關於人才的各個方面，如求才、知才、育才等等，已經形成了自己較爲完整和具體的看法與做法。他說，一個公司經營的成敗，人的因素最大，屬於人的經驗、管理、智慧、品行、觀念、勤勞等等的無形資源，比有形的更重要，又說：「企業的經營首重人才。」

王永慶正是抓住了企業中最關鍵的要素。隨著企業現代化程度的不斷提高，人的作用將愈來愈突出。

王永慶在自己的管理實踐中，爲我們發掘出了如何用好人才的兩大「法寶」，即「壓力管理」和「獎勵管理」。這兩大法寶並用，可充分發揮人才要素的價值。這是值得我們借鑒的財富。一般從我國企業的管理中，經常可以看到人浮於事的現象，人們在工作崗位上沒有壓力、效率低下。這從兩個方面都可以找到原因，激勵不足也是一個原因。但是相對來講，透過一定的手段給予有效的監督和考核，增加適當的壓力可能更爲重要。因爲獎勵制度要根據企業創造的價值來定，只有提高效率、創造更多的財富，把餡餅做大，才可能有條件分到更多的餡餅。

### 第五絕

# 剛柔並濟

Chapter 5

剛柔相濟的用人法，從某種意義上講，
可以說是一種以權相迫之法。
以權相迫不是以上壓下，更不是利用職權，
任意壓制或剝削部屬的利益，
而是在無形之中造成威嚴之勢，使部屬努力工作。
領導者將權力轉化為用人藝術時，要注意言辭和做法，
既要有威懾作用，又要能使部屬願意接受領導者的建議和要求。

權力是領導者從事領導活動的基礎和前提，沒有權力作爲領導者的後盾，其指揮、決策、協調等活動，就無法正常進行，領導工作也就無法順利展開。

一般來說，以權勢相迫是很難使人接受的，所謂的恩威並用，實際上是以恩爲主，以威輔之，恩威不是權力的象徵，而且恩的使用將權力化爲謀略，用人時千萬要注意。

從心理角度來說，人們都喜歡聽好話。要掌握好以權相迫這一用人術，一定要瞭解被用人的心理，同時讓部屬對你產生崇敬，這時你寬嚴相濟、恩威並施，才能發揮高效的用人術。

## 1 授權用人要慎重

明朝皇帝朱由檢昏庸無道，將大權交於奸臣魏忠賢，每當魏忠賢向他奏稟政務時，朱由檢總是說：「你自己看著辦吧，不要來問我。」致使大權旁落，魏忠賢漸漸養成專擅跋扈的氣勢，他遍設特務，肆無忌憚地殘害忠良，殺戮重臣良將，造成了諸多冤案，明朝也因此一蹶不振，走上滅亡之途。

春秋時代，著名的政治家管仲在《七法》中指出：「重在下，則令不行」，即爲領導者將自己的權力無限放任，則會造成雖有勢而不執行的局面。

有些平庸的領導者，因終日瑣事纏身而苦不堪言，導致部屬工作時相互攻詰、推諉塞責，影響企業良性的發展。導致這種現象的一個重要原因，是領導者沒有很好地運用用人之術，對權力分配問題不夠重視，造成了管理和工作上的混亂。

作爲一名領導者，在分工明確後，必須保留自己一定的權力和責任，不可放棄權勢，造成自己失勢、無法掌握的局面。這方面有兩點要注意：一是主要的職權不能輕放，要牢牢握在自己手中，抓住權力，掌握中心要務，就可控制全局；一是對已經授予下級領導者的許可權，不能放任自流。在大膽任用的同時，也要嚴格監督，對下放出去的職責，要有指導、檢查、修改的準備，隨時注意下級領導者在工作上的偏差，如果高高在上，或只想當名「太平官」，很可能導致授權失控，被部

屬架空成爲「傀儡官」，導致全盤局勢被動搖。

根據史書記載，漢武帝劉徹很懂得「入主不能獨攬」的道理，也善於發掘及運用人才。建元初年，丞相上奏道：「灌夫家橫行街里，民甚苦，請上裁奪。」劉徹明言：「此丞相事，何問？」

領導者的權力根基，存在自上而下的權力層級關係，它要求領導者在運用智慧用人術時，不能超越職權範圍，要逐級進行授權，使每一層級都知道自己屬於哪個層級，知道自己的權力範圍。

弄清領導許可權，明確自己的職權範圍，明白哪些該自己管、哪些不該自己管；哪些事情自己可決定，哪些事情需呈上級領導者做主，以便在行使權力時，正確地處理與上下級和同級領導者的關係。

在一定的層級和位置上，都應當有相應的領導者，有法定授權範圍和習慣上的工作分工。超越許可權範圍就是越權；放任許可權的流失就是失職。因此，惟有領導者弄清許可權範圍，才能處理好各領導者之間的關係。

## 2 以權相迫巧用人

史蒂文·布朗是美國著名的企管專家，他聲稱自己學到的一種智慧用人術，便是「以權相迫，馭人獲利」。

他年輕時，爲了獨立謀生，到一家房地產公司從事推銷工作，公司要求每名員工，每天必須聯繫到一處待售的房地產，並將其登記妥當。

布朗所服務的公司經理，是一位脾氣火暴的八十四歲高齡老人，很善於發掘人才和運用人才，他知道布朗是工作踏實的年輕人，對布朗的業績卻大爲不滿意。幾日統計下來，布朗只聯繫成幾處業務，那位老人對他大發雷霆：「我眞不明白，布朗先生，如果我雇個傻瓜在他背上掛一塊牌子，上面寫著『巴特房地產公司登記貴府房地產售價』，讓一個小男孩領著他走上街，那個傻瓜也能在幾天之內聯繫到業務。」

布朗目瞪口呆，那位經理又說：「我是你的主管，我的話就是命令，如果你想從我這裡領到薪水，就不要違背我的意思，你出去吧，先學學傻瓜走路的步伐。」

當時布朗忿然離開辦公室，在外面奔波了一天，下班之前將兩份合約遞給了經理，經理看也沒看就丟在一旁，並輕描淡寫地說：「明天你最好提前半個小時來上班。」

這時，布朗才明白經理是使用「以權相迫」的激將之法。對一名血氣方剛、上進心極強的年

輕人而言，這種「以權相迫、馭人獲利」的用人術更能奏效。由於那位經理很明白，儘管布朗當時恨不得勒死他，但仍然十分敬畏他，不會做出太大的情緒反彈；但他又知道，如果這番話是對布朗對面那位年近五十歲的職員說，恐怕沒等他說完，對方就會馬上提出辭呈的。

由於任何人都有不同的心理素質，因此領導者在運用以權相迫的用人術時，要懂得因人而異。這樣一對一式的管理方式，稱爲「特異式管理」。就是我們常說的「具體問題，具體分析」，因人、因事、因地、因時制宜，是著名企管家懂得不能像「教條主義」般、硬套傳統的管理方法之重要性。

在使用「以權相迫、馭人獲利」的用人術時，要根據每位員工的不同特性、性格、條件，因人施教。如果某位員工自尊心特別強，就要尋找機會給予表揚；批評時也要注意緩和氣氛、旁敲側擊；使用權勢時要淡化你的優勢、突出問題。一些馬虎大意的員工，就可以以權相迫，安排他們做些要費力氣的粗活。如果有的員工素來自律自覺，當你下達任務後，就要避免干預其行事，要放手讓他發揮。像布朗頂頭主管的那番「惡毒」的話，顯然不符合尊重員工、激勵員工的管理原則，但因才施教實施於適當人時，便會收到更大的效果。

## 3 不要超越自己的許可權

我們看過許多文學和歷史書籍，知道在戰爭時都會出現越權指揮作戰的現象。在第二次世界大戰期間，最高指揮單位經常越過中間的指揮單位，直接命令連、排等作戰單位執行命令，使得一些將軍根本不知道自己的部屬到什麼地方去了，造成指揮紊亂，從而影響了戰績。

有些企業的領導者，事無巨細都要一手包辦，尤其是一些新上任的領導者，發現公司管理混亂、紀律鬆散，就想親自出馬督導，看到遲到的就罰款；逮著偷懶的也罰款，於是忽略了領導者的基本職能，造成管理更加混亂。

身爲領導者，應該明白現代的管理制度是有層級的，每一層級都有相應的職責。決策階層負責企業經營的策略計畫；管理階層負責計畫管理、企業生產：執行階層負責具體的執行工作：有些企業的領導者一看見部屬遲到，就想過去訓斥；看見員工服務態度不好，便想批評，這就是越權的領導者。作爲一個高層領導者，必須分工明確，不能把其他領導者的職責也攬上身。否則，儘管你滿腔熱忱、事必躬親，但卻事與願違，反而打亂了正常的管理秩序。對部屬而言，每一層級的員工只服從一個上級、執行一個決策。如果公司內部是多頭指揮，既得聽總經理的，又得聽部門經理的，這會令員工無所適從，更何況兩種指令可能相互矛盾。法國著名的管理學家亨利·法約爾指出：「無論是做什麼工作，一個部屬人員應該只能服從一個領導者的命令，這就是統一

指揮的原則，這是一項普通、永久且必要的原則。」

無論是在商業或軍事活動中，甚至在家庭，指揮者都要瞭解先進的用人之術。因爲普通的方法雖然已廣爲人所知，而效果更佳的智慧用人術，尙需我們去瞭解與運用。

在喜歡越權指揮的領導眼裡，部屬應該只聽從自己的命令。但他們卻忽略了，該部屬的直屬領導同樣會對他發出指令這樣的問題。

第二次世界大戰時，盟軍一位集團軍司令在指揮一場戰役時，沒有通知其他部屬，便調動一支精銳的坦克部隊，去執行某項作戰任務，結果與那支部隊的長官發生衝突，戰場最高長官惱羞成怒，當場撤掉那位長官的職務，重新任命一位長官，但所有的官兵均不聽從新長官的調遣，弄得這場戰役無功而返。

一個人的精力是有限的，超越職權、工作層面太過廣泛，自然就減少了做本職工作的精力、時間，不利於大局，更會造成「丟了西瓜，揀了芝痲」的嚴重後果。如果高級領導者在緊急情況下需要超越權力範圍，事後要馬上向相關的主管人員通報情況，以免讓其他主管覺得不被尊重。

## 4 該嚴厲時就要嚴厲

由於領導者背負著管理和指揮的任務，因此，他被賦予一種強制他人的權力，基於權力，他可以教導、指揮所有員工。批評同時也是權力的一種表達方式，試想如果不是你的部屬，是絕不會乖乖聽取你的指責的。

作爲領導，有時你的責備是不允許被批評者多做抗辯的，甚至連說話的機會都不應給予對方，你只需告訴他：你必須馬上如何如何就行了，否則就會失去批評的大好時機，錯過教育部屬的機會，同時也減低你的威信。

例如，部屬出現了明顯的失誤時，你只需將錯誤之所在清楚點出，根本不必聽其辯白，必須馬上給予訓斥。有些企業的部門主管，發現部屬在工作時間打牌，就該大喝一聲「停止」。這種情況之下，千萬不能像紳士一般聽部屬辯解，如果你不及時糾正他們的錯誤，部屬就會以爲得到了領導者的認可，即使你事後再長篇大論批評犯錯的部屬，也會使他們產生「這位領導好面子、不會給別人難堪」的心理。一旦形成習慣，管理上的失序就可想而知了。

另外一種現象是，有些部屬即使犯了錯，也不願意接受批評，不管領導多麼有誠意、態度多麼溫和、做法如何低調，他一律不領情，遲到了，他推說塞車；工作失誤，他說同事不配合；算錯賬，說電腦出毛病。對這樣的部屬，一般的用人之術反而不易奏效，除了使用以權相迫之外，

別無他法。領導者只需說：「不要狡辯，你照我說的做。」由權力而產生的強制力，讓部屬一點也不敢違抗。

面對愛強辯的部屬，當你批評他們時，要注意千萬不要和他理論、不要批評細節，抓住關鍵問題即可。如果你允許部屬辯解，就會落入陷阱，部屬無窮無盡的理由，會讓一場嚴肅的批評，變成一場毫無意義的爭論，更危險的是，一旦領導者在語言細節上出現失誤被部屬抓住，他就會無止境地糾纏下去，因此，對那些剛愎自用的部屬，不能夠用平和的態度去批評他，否則他會認定領導者是軟弱可欺的。

## 5 以身作則，樹立威信

領導者在企業之中，扮演著組織、指揮的角色，他的言行對部屬有直接而重要的影響力，在現實生活中，有些領導者只會緊盯著部屬應該盡之責，而忽略了自己應盡的責任，造成了負面影響。

三國英雄錄中，最出色的領導，曹操當之無愧，雖然正史中罵他爲一世奸雄，但大家心裡明白這樣的事實：他之所以能成就大業，完全在於他精通使用賢才和籠絡人心，就這一方面來看，曹操稱得上是卓越的領袖人物。雖然他誅呂伯奢、殺孔融、楊修、董承伏完、皇后、太子，並且明目張膽地說：「甯我負人，毋人負我。」然而，他的確擁有高明的用人之術。

有一次，曹操率大軍行進，爲怕踩壞田裡的麥苗，曹操下令，禁止馬匹和士兵闖入麥田，損壞三株麥苗就要問斬。不巧行軍時，曹操的戰馬被一雙驚飛的鳥雀所驚，跑過了麥田，踏壞了一大片麥苗，爲了整肅軍紀，曹操召來掌握刑罰的官員，問自己按律法該當何罪。官員說：「你是最高長官，怎麼能問斬呢？」曹操堅持要按律例辦事，眾官們都苦苦哀求，於是他拔刀割下自己的頭髮代替首級，以示眾軍將士，軍紀爲之肅然。

這件事清楚表示出曹操之所以得人心的理由，雖然後世許多人認爲，這只是曹操玩弄權術、籠絡人心的伎倆，但是，身爲一名領導者，這種借用權勢樹立威望的做法，仍然值得借鑒。

## 6 要有區別地對待部屬

奧爾森在美國是一個傳奇式的成功企業家，他白手起家奮鬥三十年，使數位電腦公司成爲年收入達七十六億美元之巨的公司，躋身於美國大公司之列。

奧爾森是一位有遠見卓識的領導者，善於運用權力來駕馭部屬，甚至在獎罰制度上也精心設計，力求達到最佳的效果。

奧爾森一向注重技術，他自己本身就是一位實力型的領導者，這使得他帶領公司在電腦技術方面，處處領先於同業，逐步佔領市場和擴大經營範圍。作爲美國商界傳奇式的企業家，奧爾森還始終以工程技術爲根，至今在他的護照上，職業欄仍寫著「工程師」。他能一連數小時，孜孜不倦地思考電腦的某些細節，對技術要求更是精益求精。這種工作態度，無形中也要求部屬同樣要勤奮刻苦。

奧爾森作風民主，以身作則，他習慣在公司的自助餐廳吃飯，這便於維繫和部屬之間的良好的接觸，徵求員工對產品的意見，在進行領導工作時，善於運用權謀之道，恩威並施。

但他又是一個極富同情心的領導，經常慷慨解囊，幫助有困難的部屬。有一次，一個業務助理家裡遭逢意外，心情十分悲痛，他立刻將自己的度假別墅讓出，讓他休養恢復，並讓該業務助理留職停薪。

但是，他對於怠忽職守的人員卻十分嚴厲，在一次公司大會上，他竟然頒給四名失職人員「工作最差獎」，對於工作不認眞的十多名高級職員，罰他們扛著工具，到庫房去從事粗重工作一天，使他們瞭解客戶使用機器時面臨的困難。

那四名失職人員在接受處罰時，心中當然不好受，他們不好意思當著眾多員工的面，上臺領「工作最差獎」，奧爾森大發雷霆、咆哮如雷，逼迫他們上臺去領獎。從這以後，這四名員工工作時都特別小心，再也不敢馬虎行事，其他員工也因此更加敬業謹愼。

但是奧爾森絕不獨斷專橫，在工作中他非常注重發揮集體智慧，很少直接發號施令，而是把權力充分下放，讓每個高級管理人員均要對公司負責，他在提出自己的看法時，總是以比喻漫談方式提出，不輕易施壓於人，將領導者的權力威信，以隱性的方式表現出來，雖然沒有驚濤駭浪的氣勢，但部屬仍然懾於其威。

現代的領導群中，能夠把握權力運用於用人和管理方面的人很多，但能夠收到良好效果的卻很少，這關鍵在於領導者沒有充分掌握「以權相迫，馭人獲利」的智慧精髓，而造成了負面效應。

對於優秀的人才，領導者不僅要懂得珍惜，而且還要充分掌握部屬的心理，分清孰輕孰重，區別對待。

劉邦獲取天下後，論功行賞，群臣爭功，劉邦自己一時也無法定奪，因爲所有的部屬都爲他

打過江山，大業才剛統一，也不好厚此薄彼，致使論功行賞之事，過了一年多都沒有結果。

待眾人爭吵不休時，劉邦便站出來表揚蕭何的功勞最大，其他的部屬都表示不服。有位將軍說：「我們披堅執銳，多者百餘戰，少者數十戰，攻城掠地，大小都有功；而蕭何只靠文筆指點，沒有汗馬功勞，居然位於我們之上，是何道理呢？」

劉邦沒有直接回答他這個問題，反問眾人：「你們知道打獵嗎？打獵時追殺飛禽走獸，是獵犬的職責，判別野獸蹤跡、指揮獵犬追逐的則是獵人。現在你們所想得到的是獵物，充其量是有功的獵犬而已。而蕭何，則是出謀劃策、指揮驅馳的功臣。何況你們跟隨我，最多不過帶親屬兩三人，而蕭何則率全家族幾十人追隨我，功勞一定大過你們。」

在這裡，劉邦運用謀略來論功行賞，既說服了其他部屬，又獎賞了有功之人，達到合理發掘和使用賢才的效果。

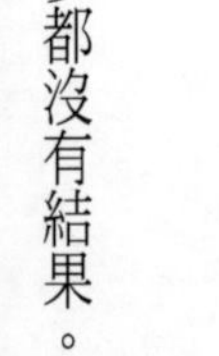

## 7 不謀一時謀久遠

麥當勞是馳譽全球的速食店，其總部設在美國，並在世界五十個國家和地區設立了一萬多家分店，它是世界上最大的速食店企業，麥當勞的成功，與其領導階層在選用人才時層出不窮的「怪招」有極大的關係。實際上，這也是領導者運用謀略發掘人才和使用人才的結果。

有一點足以令其他領導者汗顏和望塵莫及的，是麥當勞在招聘人才時，絕不任用漂亮的女人。當今的服務業，普遍對員工的外貌身材特別講究。尤其是需要女性雇員的部門，漂亮的容貌是首要的條件，以致人們會認爲：「只要自己的臉蛋漂亮，有沒有眞實本領都不重要，輕易就可以獲得一份滿意的工作。」但麥當勞公司卻不一樣，他們絕不講求外貌，所錄用的員工都相貌平常。可是，這些員工一定要能吃苦耐勞、努力上進，並要求員工以創業精神服務大眾。

還有一種令其他領導者驚歎不已的用人術，就是用「生」不用「熟」。三十幾年的奮鬥，麥當勞在人事管理上，積累了一整套成功的管理經驗。錄用新員工時，寧可用對業務一竅不通的人，也不願用所謂「熟練」的人員。因爲他們要用自己的經驗來培訓員工，絕不用他人的框架來局限，這種極有創意的管理方法，爲麥當勞贏得了成功。

在麥當勞集團工作的員工，一般都不用擔心會失去工作，因爲它很少會炒員工魷魚。麥當勞首先可說是一個培養人才的學校，其次才是一個爲了獲取高額利潤的公司。在麥當勞精神下培訓

出來的員工，即使離開了麥當勞，也是對社會極有用的人才。當然，麥當勞不是收容所和慈善機構，那些行爲不良並屢教不改的人員，當然也得不到領導層的青睞，絕不會被留用。

在工作時間上，麥當勞允許員工自由選擇，即是當你成爲麥當勞的員工，你可以在工作時間上自己做主。可以選擇專職，也可以選擇兼職。從早上七點到晚上十一點這段工作時間內，你可以任意挑選一段時間來工作。這一點吸引了大批業餘人士前來應徵，範圍之廣遍及各個行業。麥當勞從而能選拔更爲優秀的員工，極有潛質的員工，會有機會被送往麥當勞漢堡大學深造，這也激勵著員工們全心全意投入工作，努力不懈爲企業創造更大的權益。

不懂得謀略的領導者，肯定不能夠合理地使用人才和統籌規劃，在當今科學技術、社會經濟飛速發展的客觀要求下，領導者必須放眼未來，深刻把握發展的趨勢，用謀略去開拓人才市場，制定具有長遠性的發展規劃，正如《大趨勢》一書中所說，在一個充滿變化的世界中，長遠謀算是成功的重要秘訣。

沒有久遠的策略眼光，只注重眼前的得失，走一步算一步，是無法達到成功的。每個領導者都會說：「我最大的財富就是手下的員工」，但能夠體會這句話的深刻含義的人卻不多見，沒有謀略的用人之術，即使偶有小利，也會稍縱即逝。


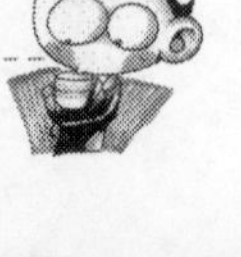

## 8 權衡利害的關係

第二次世界大戰中，歐洲烽火連天，西元一九四〇年十一月十四日，英國考文垂市遭到德國飛機的瘋狂轟炸，然而早在兩天前，英國已經利用新研發出的「超級機密」密碼機，破解出了德國的轟炸計畫，但如果立即採取緊急措施，雖可以使考文垂市避免蒙受慘重的損失，可是這樣一來，勢必暴露「超級機密」密碼機的機密。英國首相邱吉爾忍痛未發出防空警報，只得眼看著考文垂市在德機的轟炸中化爲廢墟。果然，在此後保衛英倫三島的長期防空作戰中，密碼機發揮了巨大的作用，它所提供的情報帶來的效益，遠遠大於一個考文垂市。

「兩利權其重，兩害衡其輕」，這是優秀的領導者應該具備的觀念。這道理看似簡單，但要在領導工作中運用自如，其實並不太容易。比如選用人才，如果因爲部屬曾犯過錯誤，從而懷疑他的工作能力而不敢委以重任，使部屬才能無法盡情發揮，造成企業無形的損失，這是極不明智的舉動。

獲取最大利益、盡力減少損失，可以說是每位領導者力行的原則，然而，利與害往往是緊密相依的，所謂「塞翁失馬，焉知非福」，因而領導者在選用賢才、制定計劃、採取行動時，都該考慮到利與害的相對關係。

我有一位友人說，他的員工中有一個優秀的社交人才，一般的對外業務，只要有他出馬就一

定能成功。可是這位仁兄卻有收回扣的毛病，並且從不向主管呈報，以致每次分配這樣的任務時，友人是又愛又恨、卻苦無對策。最近，他們要與美國公司簽訂一份合約，這是一筆金額很大的交易，按理說主管應當親自出馬，可是不巧的是，友人患了重感冒，住進醫院，爲了不失信於對方，他只得從部屬中找一個替代人選。自然，他想到了那名員工，若從業務能力上講，全公司的人沒有任何人能夠和他相比的。但他喜歡收回扣的毛病，又讓他十分擔憂，萬一美國人不喜歡這樣的行爲而弄砸了這項生意，該如何是好。

經過反復權衡利弊之後，友人終於下定決心，讓那名員工出馬。因爲就利害上而言，收取對方一點回扣，遠小於公司從這筆合約中的獲利。如果爲保持公司形象，讓刻板但能力不足的人去談合約，成功的可能性就會大大降低，與其這樣，還不如讓那位善於交際的員工去辦理，把握比較大一些。果然，那位員工馬到成功，取得的效果比友人預料中的還要好，當然，那名員工自然也不會忘記，從對方口袋裡掏出一把美金來。

領導者要記著這樣的生活常識：白熾燈泡燒斷鎢絲時所發出的光，比平常要強很多倍。如此就能夠在利與害之間迅速作出決策，部屬的工作效率，也會由於被賞識而大大提高。

第六絕

# 情理相依

Chapter 6

以情相動，就是領導者在管理和指揮工作中，

使用情感的策略與戰術去感動部屬，使他們服從領導。

以理相動，就是領導者在管理和指揮工作中，

使用理智的言辭和做法，使部屬服從領導。

情理相依，就是領導者在行使職權中，

要曉之以理、動之以情，只有把情和理同時運用，

才能達到用人的最佳效果。

領導者必須謹記，在運用「情理相依」這一用人術時要把握分寸，拿捏不好，就如同夫妻吵架，稍一離譜就演變成「世界大戰」，夫妻之間本爲一件小事爭吵，由於雙方均不懂以理相喻之道，結果離題萬里，例如，先生不小心打破水杯，太太就指責先生辦事不牢，說他去年打破水瓶，前年打破過花瓶。先生不服氣，說太太去年乘車掉了錢包，否則多置幾個水杯都不成問題。雙方大怒，不歡而散。

用理之術，就是以理煽情，進行說服教化的藝術。此項智慧用人術是包含有精彩高深的語言藝術，又有深邃嚴密的邏輯思維，運用起來勢必事半功倍。



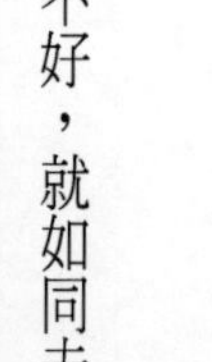

## 1 「上帝」和「天使」同樣重要

現今商業界流行一句話：「顧客就是上帝。」因此，主管往往爲了企業或自身的利益，會要求員工無條件的犧牲。但是，身爲領導者應該明白，顧客雖然是「上帝」，員工卻是「天使」，是引導企業晉見上帝的使者，得罪了「天使」，連親近「上帝」的門路都沒有，因此兩者同樣重要！如果你想激勵員工，就要以理服人，在用人時循循善誘，並且要隨時隨地關心他們的利益，使員工樂於爲你效命。

高雄市曾發生過這麼一件事：一家由美國人投資興建的大酒店，以嚴格管理聞名，一名新來的女員工在游泳池服務時，接到一位長住客戶的電話，請這位服務員去找他太太，可是這位女員工不諳英語，一時聽不清對方說的話。客人越急著解釋，她就越聽不懂，於是那位客人把電話一掛，跑到游泳池邊來了，氣憤得把女員工推到水裡。

事後，飯店的主管一方面向客人道歉，說明未培訓好員工，要將她換下重新培訓；另一方面又向客人指出，客人行爲太危險，這樣激烈的行爲無助於解決問題。經過交涉，客人主動向那位員工道歉，送給她紀念品，又繼續了長住合約。女員工覺得自己的人格，受到了主管的尊重和保護，致使她以後工作起來就格外認眞、努力。

這是一種明智的作法。無論是「上帝」，還是「天使」；無論是主管，還是從事低層勞動的

部屬，都是平等的，應該受到尊重。員工和客人發生衝突後，領導者要瞭解事件的眞像，準確判斷是非。如果確實是員工的責任，當然要認眞處理，先用道理說服員工，使他們心甘情願地接受處理，如果領導者在這方面沒有才能，無法善用「以理相喻、因人施法」的智慧用人術時，員工即使因爲懾於你的權威而接受處罰，也是口服心不服，之後的工作更是難以開展。

如果責任在客戶，就要盡最大努力維護員工的利益，即使一時迫於形勢，需要假意批評員工時，也要像演雙簧一樣，使員工理解主管的處境，知道你並非在指責他。領導者必須明確肯定人的價值，尊重員工的人格是管理的基本原則。這當然並非要求領導者與客人對簿公堂，或者是當面爭吵；而是領導者要懂得採取一種雙方都認可的方式，這樣既能使員工堅定了認眞工作的態度，又給顧客留下良好的印象。

領導者以員工的利益出發，保證他們仍能夠心安理得地工作，使員工有種備受尊重的感覺和安全感，這即是絕妙的智慧用人術的精髓所在。

## 2 用人要因人施法

張仲景是中國歷史上的一代名醫，被後世尊稱爲「醫王」，他的千古名著《傷寒記》至今流傳不衰。

張仲景剛開始行醫時，遇到兩名風寒患者，第一位病人吃了他的發汗藥，很快就痊癒了；第二位病人吃了同樣的發汗藥，病情反而加重了。後來他才明白，第二位病人因爲先前已吃過發汗的藥物，再吃他所開的發汗藥，就出現了用藥的過量情況，導致病情加重的現象。

這件事給領導者一個啓示：治病下藥要適時、適量，因地因人制宜，用人術也是如此，弄不清部屬錯誤的根源，無法對症下藥，於事無補。即使找到了錯誤的根源，如果用藥的「劑量」、「火候」不對，照樣達不到你所希望的效果，部屬即使勉強接受你的說服，以後也會再出現問題。

古代名醫華佗，有一次他給兩個都是頭疼發燒的病人配藥，給其中一個吃瀉藥，給另一個人吃的卻是散熱的藥，旁人迷惑不解，他解釋道：「他們一個食物中毒，一個感染風寒，病症雖然相同，但是病因卻相異，所以用藥當然就不一樣。」華佗不愧爲一代名醫，懂得辯證施治、補其不足、瀉其有餘，讓人體內回歸平衡。

領導者在使用人才，對部屬進行情感教育時，也應遵循對症下藥的原則，否則不僅達不到預

定的效果，反而會引起新的問題。因此，一定要理清「病源」、查明「病因」，再採取適當的方法，對症下藥。

兩千多年前，孔子就提出了「因材施教」的觀點。一般而言，平時謹慎、踏實的員工初次犯錯，內心自然會愧疚不安，此時間接或側面的提醒，即可以使其認識到問題的嚴重性；那些平時不拘小節、馬馬虎虎的員工，發生一點小過失時，多半不當一回事，領導者必須適時嚴厲地批評，才能使他有警惕之心；心地坦蕩的員工，不忌諱領導直截了當的公開批評，心胸狹窄的員工，卻需要領導者單獨教育，以理相服。

俗話說：「一把鑰匙開一把鎖」，就是提倡因人制宜、因材施教。人心極爲微妙，情感萬千，有人喜歡「大江東去」的豪放之情；有人喜歡「小橋流水」的青春之暖；有人喜愛「震耳發聵」的激昂之聲；有人喜愛「潤物無聲」的娓娓細談。領導者只有因人而異、對症下藥，說理才能牽動人心、激發鬥志。

領導者對部屬進行說理教育時，要注意話題主旨的單一性，這是說理中的一個重要原則。人們會在一定的情境中相互交流，討論問題、發表意見，除非在適當而且必要的時候，才會轉換話題。一般來說，都要遵循「以理相喻」中的單一集中原則，也就是俗話所說的，「哪壺水開就提哪壺」。

如果面對部屬時，領導者講話東拉西扯，盡提出些不相干的問題，就會沖淡自己說話的權

威，甚至產生負面作用，招致部屬的反感。

運用「以理相喻、因人施法」的智慧用人術，多數是在部屬出現失誤或分派艱難任務的時候，在特殊情況下，也可運用這種方法，比如從別人手中挖掘人才時，也可以運用這種用人術。

## 3 以理相喻選人才

禪讓是早期傳承君位的制度，見於史籍中的禪讓，是從堯、舜、禹三皇開始的。史載堯是五帝之一的帝嚳的兒子，是一個勤勞、節儉、爲民做事、很受擁戴的帝王。「望之如亡，富而不驕，貴而不慢」，百姓就像葵花向陽、禾苗望露般景仰他。

堯在位時，聖明賢德，死時百姓悲哀如喪父母，三、四年都沒有人歡慶，堯在晚年，選擇和培養繼承人的做法，更表現了其愛民如子、無私無藏的胸懷。

在其晚年時，堯就考慮到接班人的問題，大臣們一起舉薦堯的兒子丹朱，堯不同意，因爲他知道丹朱沒有治理天下的才能，品行又不好。爲人驕橫暴虐，整天只知四處遊蕩、結交惡友，四處作惡。當時天下洪水肆虐，滔滔氾濫的大水吞沒了農田房舍，丹朱卻對洪水帶給百姓的苦難置若罔聞，反而覺得乘船遊玩十分有趣。後來大禹率領人民治理洪水，丹朱還覺得行船速度不如以往，就不分晝夜派人推船，稍不如意就大發脾氣。儘管堯教訓丹朱多次，卻仍然沒有使他轉變。

在這種情況下，堯決定讓位給舜，他說：「我深知丹朱不肖，是以不能把天下交給他治理：而舜愛國愛民，只要舜治理天下，人民就會太平幸福。如果傳位給丹朱，得利的只有一人，而受害的卻是普天下的百姓。」

經過多次討論，大家公推舜爲堯的繼承人。爲了防止丹朱作亂，就把他放逐到南方丹水做諸

侯，丹朱不服，於是在南方與人勾結興兵作亂，企圖進攻中原。大公無私的堯不僅沒有縱容屈服，還親自帶兵征討，最終消滅了叛軍。

堯將帝位禪讓給舜，他十分慎重，不僅反覆徵求眾人意見，而且對舜進行長期考察，並把兩個女兒——娥皇和女英嫁給舜。兩位公主由於出身尊貴，平時很是驕縱，堯明之以義、服之以理，耐心說服她們，讓她們安心輔佐舜治理天下。

舜在任司徒攝政期間，考察山川，走訪民間疾苦，整頓朝政，修訂刑律，表現出傑出的治國才能。後來舜又禪讓帝位給大禹，同樣使國家長治久安，人民安居樂業。

當今的領導者在選擇人才時要慎重考察，一旦決定了人選，就要力排眾議，以理來說服他人遵從你的決定，並將被選之人延攬到自己身邊做事，他將來才可以成才。

## 4 留住你的員工

人才是你公司最寶貴的資源，如果你的員工跳槽，特別是骨幹精英跳槽，那將對你的公司產生很大的影響，甚至可能是致命的影響。

隨著經濟的不斷發展，人才的競爭會愈演愈烈。那麼，身爲公司領導的你，要如何留住你的員工。

### 1.你的管理體制是否健全？

如果你公司的管理制度不健全，崗位職責不分明，工作流程不細緻詳盡，甚至於獎懲不分，管理極其混亂，那麼你的員工會對公司失去信心，覺得沒有前途，做下去也不會有什麼發展，於是抬腳走人，另謀高就。也許你會說他們跳槽就跳槽，沒什麼。但你可知道，有上面那種想法的人，往往都是有能力的人。另外，如果你的員工帶走公司的技術資料，甚至拉走了大批客戶，那麼公司的損失可就大了。所以，無論你公司大小，你都應該有個健全的管理體制，盡可能地留住你的員工。

### 2.你的薪金和福利待遇如何？

人才在追求發展的時候，同時也看重薪金等福利待遇。這也是員工所關心的問題。在本地區的同一行業中，如果你的公司的薪金，比其他同等規模的公司的待遇低，那可能會誘發你的員工

跳槽。所以，在你公司收支允許的情況下，你不妨適當地調整一下薪金，可略高於其他公司一些。還有，你公司的各項福利保障也要健全，這會讓你的員工有安全保障感，會增強對公司的信賴感。那麼，你的員工就會比較穩定。

### 3. 你是否是個服眾的領導？

作爲公司的領導，你是公司的核心人物，你的一舉一動是否讓你的員工信服？如果你能心平氣和地指出你員工的過失，而不是亂加指責；如果你能對員工的哪怕是一點點成績都給予肯定，而不是指責其怎麼沒有大的業績；如果你能與員工平等地進行溝通，而不是頤指氣使，那麼你才能服眾，你的公司也將是一個眾人齊心協力的公司，你的員工也會人人幹勁十足。相信你的員工將沒有人會想到跳槽。另外，你可讓你的員工持股（在有詳細的持股方案的情況下），你的員工會把公司當成是自己的公司，他們會覺著爲公司做事就等於是爲自己做事。身爲領導的你，一定要重視你現有的人才，想辦法留住你的員工。

## 5 情理相依靠魅力

季辛吉博士是聞名二十世紀的外交家，他擔任美國國務卿時，每當部屬有建議案呈上時，他總是漫不經心地放在一邊，過了幾天後，他會對部屬說：「這是你最好的建議嗎？」此時，部屬會因爲他的發問而產生惶恐，如果他們在這幾天內又想出了一些更好的意見，他們通常會這樣回答：「不是的。經過這幾天的思考，我發現有很多資料需要補充和修改。」待第二次上呈時，季辛吉博士仍然同第一次一樣先擱置幾天，然後再提出自己的一些觀點，這時部屬會再要求補充修改，等第三次送來時，季辛吉會說：「這次大概沒有問題了吧？」這時部屬都會很自信地說：「是的，只需要在文字和措辭方面潤色一下就行了。」於是部屬圓滿地完成了一次任務，並且雙方都覺得愉快。

其實，聰明的博士正是運用了「以理相喻」的智慧用人術，他並不直接指出錯誤之處，也不嚴厲批評部屬，而是透過隱性說理的方式，表達自己的意見，使部屬及時發現自己的不足，從而彌補工作上的缺失。

身爲一名領導者，尤其需要具備個人魅力。成功的領導者和魅力是互爲因果的。一個企業的領導者最重要的是，如何樹立自己在員工之間的形象，散發一種無形的魅力，而不是毫無止境地使用權力。當部屬被領導肯定和尊重時，他們的魅力影響已非權力所能達到的，因爲領導運用道

理來開導勸喻，讓部屬眞正地心悅誠服。這時，員工爲公司賣力的心態，早已經牢不可破，成功自不待贅言。

至於如何透過一系列的智慧用人術，來培養領導者獨特的魅力，則是需要領導者永遠不斷地去揣摩體會。

明代碩儒呂新吾在其《呻吟語》一書中，將人才資質分成三類，即深沉厚重、磊落豪雄、聰明才辯三大類，後代領導者常常據此來區分人才。

日本著名的經營評論家據此做了有關「魅力」的研究，從而得出了人們對魅力的見解。他歸納出日本財經界著名魅力領袖的形象及人格特質，他指出：耐冷、耐苦、耐煩、耐閑，不激、不躁、不競、不隨，好言善說、以成大事是領導魅力的最高境界。

評論家還說：「領導者過於才辯，易流於輕薄，故口若懸河是用人術所不齒，而木訥寡言則會喪失自信，容易被部屬看輕，同樣不可取。只有以理相喻、言簡意賅又入情入理，才是優秀的領導者應有的表現。」

## 6 豁達大度是一種用人的大謀略

近代心理學家認爲，動物的行爲模式可分爲三種類型：覓食、保護身體的安全、維持性關係。據說許多長期關在籠子中的動物，由於生存空間過於狹小，不能充分滿足以上三種要求，結果漸漸喪失了動物性，變得十分懶散，終日沒精打采，而且普遍有神經衰弱的症狀。

想必大家都有共同的體驗，無法承受事業上或是生活中，甚至是駕馭人才上失敗的打擊。失敗的陰影非常難以褪去，有些人避之惟恐不及，因此，公司領導者如果不能瞭解，犯錯也是人類本能中無法避免的一部分，必然無法培養出眞正的人才。

一家義大利公司就發生了一件足以讓所有領導者學習的案例。該公司有名負責看管保險箱的員工，因一時不察，釀成保險箱內一大筆現金遭竊的錯誤。當時該公司的總經理恰好有事外出，無法馬上回來處理這件事，闖下大禍的員工深感對不起公司和領導者，願意立刻引咎辭職，以示負責。然而，總經理知悉此事後，其處理方法卻出人意料。他把這位平時工作很踏實的員工叫進自己辦公室，十分懇切地說：「你打消辭職的念頭吧！雖然你因疏忽而犯下大錯，但是卻不該扔下公司不管，請暫時忍耐，拼命工作，挽回以前的損失，你不必一走了之。因爲你平時工作很細心，我仍非常願意將保險箱的鑰匙交由你來保管，相信日後你會記取教訓，不會再讓這種意外發生。」那名員工因此心懷感激，更加努力工作，並成爲公司一員得力大將。

比起那些只知處罰而不知行賞的領導，這位總經理的智慧用人術實在高人一等。今日的一些大企業，由於人才濟濟，個人不易受到特別重視，領導者也因爲員工人數過多，無法一一監視教育，只好委託人事單位負責管理。如此一來，在人事單位處處按部就班，講求一絲不苟、公私分明的特質作風下，反而會造成人才的壓抑。有些領導者甚至連員工的微小過失也記錄在案，甚至保留幾十年之久，這樣讓員工成了有案可查的累犯，自然不會被重視到，即使是難得的人才，也會被那些糊塗領導打入冷宮，發不出光與熱。

身爲一名領導者，要尊重部屬的人格，要保證部屬有一個良好的工作環境。在運用用人術時，儘量做到「理先行」——爭取運用語言技巧，就可以達到指揮部屬的目的，而不是吹鬍子瞪眼的恫嚇，或用減薪、炒魷魚的威脅方式，去達到這個目的。

## 7 含蓄是一種高超的領導藝術

含蓄同樣是一項重要的說理方法，含蓄是說理的一個重要特點，是領導者在運用「以理相喻，因人施法」的智慧用人術時，要特別加以注意的技巧之一。

人的心理意識是複雜的，其變化也是不易察覺的，領導者指示部屬工作，既不能像玉皇大帝似的以神威威震，也不能像釋迦牟尼佛那樣以神術點化，必須像細雨潤物，像春風和煦宜人，像船燈指引提醒。這一切往往蘊藏於含蓄之中，所以研究含蓄、講求含蓄、善用含蓄，是領導者應重視的用人法則，如果巧妙運用，往往可以收到直接規勸也不易達到的效果。

張大千先生是中國繪畫史上舉足輕重的人物，也是中國二十世紀中不可多得的藝術天才，早年，他在法國巴黎舉辦畫展，特邀法國著名畫家畢卡索來參觀。只見這位當時在世界畫壇享有盛譽的大師，沿著展示廳走了一圈，便不聲不響地走了出去，張大千緊追上去討教，畢卡索說：「這裡沒有一張畫是你的。」張大千急忙解釋：「這整個展示廳的畫都是我畫的。」畢卡索一聲不吭就走了。後來，張大千悟出了藝術大師的言外之意：「這些畫只不過是繼承了傳統中國筆法摹寫出來的。」從此以後，張大千刻意求新，積極修習，終於畫出了自己的特色，開創了中國書畫的新局面。本來，以畢卡索的威望和能力，是可以直言不諱、不留情面地講出自己的看法，然而他卻用了一句十分含蓄的話語，讓對方留下深刻的印象和自我反省，真可謂「不盡美意、皆在



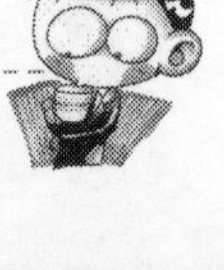

片言隻語中」。

領導者在運用「以理相喻、因人施法」的智慧用人術時，要把握含蓄的時機，以平求奇，於不知不覺中深入，不突出個見奇觀，必要之時，可以「以直求曲」，不加掩飾自己的情緒，做到言簡意賅，以坦誠求信實。我國著名音樂批評家赫爾岑，對一次宴會中輕佻的音樂非常反感，用雙手捂住耳朵，表示不滿。主人忙不迭地過來解釋說：「這是目前最流行的樂曲，大家都很喜歡聽。」批評家笑道：「難道流行的東西就一定是最好的嗎？不一定吧！比如流行感冒，又有誰喜歡它呢？」赫爾岑沒有直陳自己反感的理由，只以一句意義頗深的話直搗黃龍，同時又隱去了鋒芒，避開了主客雙方尷尬的場面。這種直言曲意的以理相喻法，猶如錘擊幽谷，手成陽春，不可謂獨具匠心。

含蓄其實就是以虛求實、寓理於虛中，做到以不言見其神往，以虛無喻其眞諦。領導者運用「以理相喻、因人而異」的智慧用人術，是極智慧的選擇，而在這種智慧用人術中，如果能更加巧妙的含蓄喻理，則會使領導者在用人藝術中錦上添花。

## 8 心中要有一碗公正之水

用人持之以公正，是企業領導博大胸懷的體現。這種精神往往在現實中遭到破壞，以至於用人以私，成爲滿足個人私利的手段。因此，有必要重新討論「用人以公」的問題，力戒用人的自私和貪欲。所謂用人以公，與用人適己並不矛盾，它們動機一樣，只是做法不同。

所謂用人要公，是指使用人才時，應當以企業整體目標或多數人的心願及利益爲目的。

1. 用人不一定非得出於自己門下，要從實際需要出發選拔、任用人才；
2. 對內不徧袒親屬，對外不可以疏遠沒關係的人；
3. 不把職位當人情私自送人；
4. 按照職位要求選擇人才，因位設人，不能因人設位；
5. 用人不應出於私心而損害集體的利益；
6. 和自己意見相同的人未必可取，和自己意見不同的人也不可小看；
7. 任用人才出於私心，重用私人，那麼沒有私人關係的人就會怨恨；使用人才有妒忌心、懷疑心，那麼人才就不能安心工作；
8. 能使用跟自己關係並不密切的人，這才能成就大事；
9. 不要用有才能卻用來辦私事、謀私利的人。

只有用人以公，下屬才能有一種平衡感，才能有一種希望，才能有一種苦幹精神。主管所制定的計畫和策略，才能讓下屬一絲不苟地去完成。否則，下屬就會在企業領導「私欲」的支配下，成爲工作機器。如此看來，「用人以公」在客觀上能夠激發下屬的集體意識和群體力量。

# 9 領導事務的正確處理

## 一、企業領導者的主要職能和日常工作

### 1.企業領導者的主要職能

在千頭萬緒的工作中，企業領導者的主要職能有：

(1)制定企業的經營策略。

(2)進行企業組織設計。

(3)建設領導團隊、選用幹部。

(4)培育企業文化。

(5)處理重要社會關係。

(6)臨時處理重大突發事件。

### 2.企業領導者的日常工作

企業領導者在聚精會神處理大事的同時，也要安排好日常工作，其主要內容有下面幾項：

(1)日常行政工作。

(2)學習。

(3)經常性調查。

(4) 日常思想工作。

## 二、正確處理主要職能和日常工作的關係

企業領導者要想正確處理好主要職能和日常工作的關係，必須做到以下幾項：

(1) 克服「事必躬親」的小生產領導觀和「大包大攬」的落後領導方式，不做費力不討好的工作。

(2) 集中時間和精力，作好決定企業生死存亡的大事，避免「撿了芝麻、丟了西瓜」的錯誤。

(3) 科學合理地安排好日常工作，不要忽視關鍵日常作業活動。

## 三、合理授權

### 1. 合理授權的含義

合理授權，是指上級領導者把本來屬於自己的一部分權力委授給下級，指明工作目的和要求，並爲其提供必要的條件，放手讓下級努力完成工作任務的一種領導方法。

在授權關係中，授權者對下級保留有指揮權和監督權，最後要考核下級的工作成果，但下級如何具體開展工作，如方法、措施、步驟等，上級一般不干預，下級有權自行處理。從被授權者這個方面來說，他對上級負有報告情況和完成任務的責任。

### 2. 授權的步驟

授權的步驟有：

(1) 闡明最終成果。

(2) 確切地知道下級是否已經接受並理解了授權。

(3) 放手讓下級工作。

(4) 監督考核。

### 3. 授權的原則

授權的時候要遵循以下原則：

(1) 授權留責。

(2) 視能授權。

(3) 權責確定。

(4) 逐級授權。

(5) 適度授權。

(6) 相互信賴。

(7) 適當控制。

(8) 重點在於推動下級行使職權。

## 10 正確處理上級和下級的關係

領導權力的行使，是在上級和下級的交往中實現的。因此，作爲正職，在行使權力的過程中，必須處理好與上級和下級的各種關係。

### 一、正確處理與上級關係

處理好這個關係，就是要堅持原則、服從領導，做到以大局爲重，也要兼顧本單位的利益。這是一個基本的原則。爲此，要做到兩點：

**1.必須正確認識自己的角色地位，努力做到出力而不越位**。就是不該決斷的不擅自決斷，不該表態的不胡亂表態，不該作的工作不執意去作，不該答覆的問題不隨便答覆，不該突出的場合不要「搶鏡頭」等。

**2.要適當調整期望、節制欲望，學會有限度的節制**。但這並不是說「唯上級和領導者之命是從」就好，關鍵是要看上級政策和主管的決策是否正確合理，如有不當或嚴重錯誤之處，也要學會合理抗議、堅持原則。實現這一點，前提條件是加強與上級的資訊溝通和回饋，盡可能瞭解事情的眞相，以免出現判斷的失誤。

### 二、正確處理與下級的關係

下級是領導者行使權力的主要對象。因此，公正、民主、平等、信任地處理與下級的關係，

對作好領導工作具有重要的意義。爲了實現這一要求，我們必須講究對下級的平衡藝術、引力藝術和彈性控制藝術。

1.**平衡藝術**。就是在公正、平等的基礎上，建立與下級的和諧平衡關係，實現心理的可接受性和利益的相容性，達到行爲的一致性。

2.**引力藝術**。就是領導者縮小自己與下屬的距離，使之緊密地團結在自己周圍一起工作的過程，簡單的說，領導者應具有一定的吸引力，上下級之間在目標、情感、心理、態度、利益等方面一致起來，這樣的領導才有威望。

3.**彈性控制藝術**。就是領導者透過具有一定彈性空間或彈性範圍的標準，檢查、控制被領導者行爲的過程。實現彈性控制，既能使下屬感到充分的自由，又能約束以必要的法度。所以，它是領導者行使權力的一門重要藝術。

## 11 正職主管要正確使用副職主管

副職是正職的助手，是協助正職考慮全盤工作、又負責某一方面或幾個方面具體工作實施的領導者。

副職處於重要、特殊而複雜的地位。它既受制於人、又制於人；既被動，又主動；既是執行者，又是領導者。正職擁有得力助手，路程等於走完了一半。正職領導者使用副職領導者的方法與藝術，可概括爲七個方面：

**1. 放權。**

正職要分給副職兩個方面的權力：一是協助正職考慮全面工作的權力；二是主管工作方面的權力。眞正使副職有職、有責、有權，有權有威，有權有勢，使他對其下屬說了算。讓他自己覺得手中的權力不是假的、不是虛的，位子也不是多餘的、不是空的。正職要使自己的副職說話理直氣壯，辦事敢作敢爲。如果正職把權力都攬在自己手裡，緊緊握住不放，什麼都自己說了算，那麼副職就邁不開步、走不動路，沒有積極性。到頭來，正職也會成爲孤家寡人，什麼事情都辦不好。

**2. 放手。**

放權是放手的一種表現，但不等於放手，放手就是讓副職獨立思考、獨立工作、獨立解決矛

盾。正職不插手、不干擾，充分依賴和依靠副職。

**3.放心**。

放手是放心的一種表現，但不完全等於放心。有的正職對副職總是放心不下。副手眞的認眞負責、大膽工作、敢作敢爲時，有的正職就怕出問題，惹是非，於是乎想方設法潑冷水，干預一番。這樣會使副職左右爲難，進亦憂、退亦憂。

正職不要事無巨細，樣樣不放手。放手讓副職工作，不要把一些無足輕重的事情看得太重要，不要怕副職失敗。只要對副職放心，才會眞正放手、放權。

**4.支持**。

放權、放手、放心是對副職的支持，但它不能代替在具體工作中對副手的支持。在具體工作中有困難要幫；遇有緊急情況和重大問題來不及請示報告要諒解；若有人告副職的狀，不要聽風就是雨，要爲副職撐腰；對副職決定的問題、處理的事情，只要不是原則問題，不要輕易否定。需要改正的也要通過引導，讓其發自內心做出決定。正職要明白，副手在爲正職負責，在爲正職行使權力，正職應維護副職的威信，樹立副職的權威。這就要求正職有寬廣的胸懷、成人之美的品格。

**5.依靠**。

副職是正職的左膀右臂、親密戰友。正職要處處依靠副職出主意、想辦法、出成果、出經

驗，依靠副職克服困難、共渡難關。有的正職不善於使用副職，孤軍奮戰；有的冷落副手，到別處去尋求他需要的幫手。這是不正常的，是不知心的表現。只有知己才能依靠。正副之間要推心置腹、心心相印、情同手足，這樣才依得住、靠得緊。

**6.攬過。**

任何人工作中都會有某些失誤。正職要爲副職創造寬鬆和諧的局面，允許副職出錯，爲其承擔責任，一起總結失敗的經驗教訓。不能有了成績是自己的，出了錯就把責任推給副職，這是十分錯誤的。從感情、情感的角度講，人有了過失時，心情最不好，一般人會出現失意、消沉、內疚的情形。這時需要的不是責備、訓斥、抱怨，更不是嘲諷、挖苦，而是關心、體貼、理解、諒解和安慰。正職要幫助副職巧妙地把挫折轉化爲一個新的起點，去獲得新的成功。攬過不僅給副職以信心和寬慰，還可以讓群眾看出正副職之間的緊密團結，並防止別有用心的人尋找縫隙。

**7.平衡。**

正職要注意平衡、協調副職與副職之間的關係。一些單位副職較多，各把一攤、各管一面、各有特點。他們的工作相互作用，共爲一體。這裡說得平衡，就是正職對副職要一視同仁，不要親這疏那，關係的距離要均等，不能厚此薄彼，要及時解決他們之間的矛盾，協調關係。

## 12 以情相動的用人技巧

用人重於得人，得人重於選人，善於選拔人才，是得人用人的前提。中國古代聖賢提倡任人唯賢，要以情動人。孟子曾舉例說：「舜發於畎畝之中；傅說舉於版築之間；膠鬲舉於魚鹽之中；管夷吾舉於士；孫叔敖舉於海；百里奚舉於市。」這些優秀的人才，都是由善於識人用人的領導者以情理相感，而得以一舉成名的。運用「以情相動，廣結人緣」，是智慧用人術中重要的技巧之一。

某公司有一位經理，部屬們對他都十分尊敬，因此領導工作進行得很順利，眾人紛紛向他討教領導的秘訣，他輕描淡寫地說，其成功的要訣在於「玩」字。

這位經理在工作之餘，喜歡抽出時間和部屬一起玩耍，無論是籃球、排球都打得極好，撲克牌也能玩幾把，象棋、圍棋也可以殺上幾盤，就是在麻將桌上也能小賭一下，所以公司的部屬都叫他「賭總」，其意思就是喜歡賭博的總經理。

由於樂於加入部屬的生活圈中，使他和部屬拉近了距離，增進彼此瞭解。從交流中他發現到一些部屬的問題，同時也得到有利於領導管理的資訊。有一段時間，他發現幾個平時喜歡和他打麻將的員工，不再和他一起玩，似乎有意避開他，這引起他的警覺心，一日，他突然走進他們的辦公室，發現那幾個人正利用上班時間打麻將賭錢。

幾個人一見總經理闖了進來，不禁有些尷尬。總經理吃驚之餘，只說：「我也來參加。」等到下班後，他請這幾名員工到自己的辦公室，聽每個人發表意見。那幾名員工你一言我一語，紛紛表示懊悔之意，有的甚至泣不成聲。這位總經理並沒有長篇大論的訓斥他們，他看到員工都有悔過之心，便送給每個人一支高級鋼筆，他說：「這是送給你們的紀念品，希望大家牢記這一事件，以後別再犯了。」

整個溝通過程中，沒有聲色俱厲的批評，沒有嚴厲的行政處罰，只用短短幾句和一片眞情，就收到了良好的效果。從此，這幾位員工上班都不再偷懶，個個都成了公司不可或缺的業務幹員。

領導者在使用以情相動的用人術時，首先要尊重部屬的人格，尊重他們的自尊心，並因勢利導地激發部屬的積極性，才能靈活運用部屬。

透過積極參與員工的生活，掌握第一手資訊，而且在一些非正式場合，採用適宜的方法，可以使得一些問題得到及時處理，使隱憂消滅於萌芽之時。

美國福特汽車公司一名老員工退休後，拒絕了一家年薪百萬美元的公司的聘請，卻甘願只領微薄的午餐費，爲福特公司培育年輕人才。許多人都百思不得其解，他說：「前年大雪，我雙腿因嚴寒而不良於行，太太又有眼疾，是公司總經理和工會主席發動員工，爲我們安置了保暖設備，今日我怎麼捨得離棄這麼好的領導者呢？」

重視情感激勵是一個優良傳統，在當今形勢下，也是行之必見效的智慧用人術，領導者必須考慮部屬的切身利益，用眞摯的感情去激勵部屬，使員工發揮出更大的積極性。

## 13 以誠相待服人心

領導工作中的用人術，成爲現代科學與藝術的結合，猶如一具多變卻可控制的超級魔棒，只要善於組合、善加運用，源源不盡的管理良策就會應運而生，給你帶來無窮的效益。

領導者關心和幫助部屬是應盡的義務，而且不應該圖回報，這是領導者應有的精神與認知。有些領導者爲員工做了哪些事，爲群眾解決了什麼困難，總是記在心上，認爲這是對部屬的一種恩賜，並且存有某種期望。持有希望部屬有所回報的心理和作風的領導者，一旦被自己曾關心幫助過的部屬提出反對意見時，會認爲部屬不知感恩，而不願再像從前那樣「仁慈」，對部屬產生偏見，雙方產生距離感，甚或訓斥、譏笑、挖苦，反而因此失掉部屬的信賴和親近感，有失領導者的風度。不近情理是用人術的大忌，領導者應該明白這個道理。

二十世紀二〇年代末，由於全世界經濟不景氣，曾經暢銷一時的松下國際牌自行車燈，銷售量也開始走下坡。此時操縱公司命脈的松下幸之助，卻因爲患了肺結核就醫療養，當他在病榻上聽到公司的主管們，決定將二百名員工裁減一半時，他強烈表示反對，並促請總監事傳達他的意見，「我們的產品銷售不佳，所以不能繼續提高產量，因此希望員工們只工作半天，但工資仍按一天計算。同時，希望員工們利用下午空閒的時間出去推銷產品，哪怕只賣出一兩盞也好。今後無論遇到何種情況，公司都不會裁員，這是松下公司對員工們的保證。」受到裁員壓力困擾的員

工們聽到這一番話，都感到十分欣慰。如此，松下幸之助憑著堅強的意志和敏銳的決斷力，用眞摯的情感來打動部屬，挽救了松下電器。從這一天起，眾多的員工們積極地遵照他的命令行事，到翌年二月，原本堆積如山的車燈便銷售一空，甚且還需加班生產，才能滿足客戶的需求。至此，松下電器終於突破逆境，走出陰霾。

日本有一家公司的領導者深諳用人之術，他總是能藉由小事情，發明一些「觸動情感」的用人技巧。

這家公司有一項特別的措施，即是每年把年終獎金發給員工的太太，讓她們從旁鼓勵丈夫積極工作。

在日常生活中，先生們有時會需要一些特殊的經費，但是控制經濟大權的太太們，並不認可這些支出，所以他們只有藏私房錢。

比如說抽支煙、打點小牌、洗個三溫暖，鬆弛一下身心。或者請朋友吃頓飯聯絡感情，這是男人不可或缺的支出。

但是在現實生活中，哪個男人敢理直氣壯的對太太說：「我要去洗三溫暖，給我錢。」其實，就算說得出口，太太大概也不肯給錢。這時，男人只得另想辦法，從一些開支中節省下來，以備一時之需。

可日本這家公司的經理是個富有人情味的領導者，他想出一個折衷的辦法，就是在公司中爲

每位員工設置小金庫，替他們儲備資金，只要員工提出申請，公司便會把年終獎金的一部分撥給他，並嚴格保密，結果所有的員工在工作上都比以前賣力許多。

高明的領導者在運用以誠服人時，絕對不要簡單化、庸俗化，領導者必須既堅持原則，又保持眞情實意，才能贏得部屬的信任和好感，切忌對部屬虛情假意，若是以「逢人只說三分話」、「留一手」等心態來與部屬相處，會被部屬認爲你是在玩弄權謀之術，久而久之，就會喪失部屬對你的信任，大家會對你敬而遠之。如果部屬認爲自己的領導者是眞誠可信賴的，即使自己所提出的問題沒有得到解決，也會理解領導者的心情和處境，不會產生怨恨之心；即使受到領導嚴厲的批評，也會服氣，不會記恨。如前文所述，像松下幸之助先生的作法，既能夠訓人罵人，又能讓部屬安心工作，關鍵在於他和部屬之間已建立了情感的橋樑，雙方能及時溝通和諒解。

## 14 投其所好的用人秘訣

運用情感來鼓勵人、教育人、吸引人，其中的方法多種多樣，重要的一點是要根據不同對象，選用適宜的方法，撼動他的心靈。

法國醫學家卡雷爾在美國榮獲諾貝爾獎之後，回到故鄉歐洲講學。故鄉的人們深情地挽留他，法國里昂大學還專門爲他興建一座研究所。卡雷爾被濃濃的人情包圍著，不願意離開故鄉。這時，他收到美國同事坦傑的一份電報，上面只有一行字：「幾顆在玻璃瓶裡活躍跳動的心臟，正等候你的歸來。」收到電報後，卡雷爾立刻改變主意，第二天就搭機赴美。一句話何以會有這麼大的魔力？原來，坦傑博士所說的「心臟」，是指卡雷爾爲試驗心臟移植，特別用營養液培養在瓶子裡的試驗品。爲了請回卡雷爾，坦傑博士選擇了卡雷爾最爲關心的事，用來撥動了他赴美的心弦，這雖然是科學界的一則小故事，卻很耐人尋味，是領導者運用情感說服術最好的啓迪。

還有一則故事，發生在楚漢相爭之時，當時劉邦、項羽各自爲王，劉邦的國都定在陝西，而其手下的兵將多爲江蘇、安徽一帶的人，由於他暫時沒有興兵討伐項羽的計畫，大家都覺得心灰意冷。有一天，他忽然聽說丞相蕭何也不辭而別了，心裡非常擔心，因爲蕭何是他的得力助手。過了兩天，蕭何自己又回來了，告訴劉邦他是追大將韓信去了，劉邦說逃亡的將士數以千計，韓信有什麼了不起的，值得相國親自去追？蕭何說：「諸將易得，至如信者，國士無雙，王必欲長

王漢中，無所事信；必欲爭天下，非信無可當計事者。」劉邦將信將疑，蕭何又力求任韓信爲大將軍，劉邦讓人去叫韓信來聽封，蕭何急忙說：「王素怠慢無禮；今拜大將軍，如呼小兒，此乃信所以去也。王欲拜之，擇良日，齋戒，設壇場，具禮，乃可耳。」後來韓信果真施展才能，替劉邦打下了漢朝江山。

這也是領導者運用以情相動，善結人緣的用人術的成功例子。

感情是人與人之間關係的反映，在人與人之間的感情生活中，建構了雙向的流動關係。因此，感情並非單向的付出，只有產生互動作用後，潛能才能變爲一種力量。部屬才能夠配合你的指令行動。

感情互動所產生的影響力，關係到領導工作的成敗，領導者要將自己的決策，變成部屬的自覺行動，單憑權力是不夠的，還需要與部屬在感情上榮辱與共。權力可以使部屬屈服，但感情可以使部屬心服口服，成功的領導者，必須注意與部屬的感情交流，經常進行情感對話，才能激發他們的積極性。

## 15 收服人心的技巧

在領導者中，有許多人不是靠發號施令來指揮部屬的，更多的是靠眼神和表情，這也是以情相動用人術的一環，是一種特殊的管理方式。

《三國志》中，諸葛亮揮淚斬馬謖就是一則很感人的故事，後人多有探討諸葛亮的眞實用意之論，但仁者見仁、智者見智。這則故事在當今則被列入領導者用人的藝術經典之例。

諸葛亮既然已經要殺馬謖，爲什麼要流淚呢？其實，諸葛亮是因爲思念先帝劉備，又不忍殺手下愛將而痛哭，實際上，諸葛亮更是在激勵其他將士。這種用人術便是「以情相動」。馬謖是他故舊的兒子，是他欣賞的將才，然而軍法無情，斬了一個馬謖，整肅了軍紀，教育了其他將士，使更多的人聽命於自己，兩相權衡下，諸葛亮只得揮淚斬將。

法國作家拉封丹曾經寫過一個著名的寓言：北風和南風比賽，看誰能把行人身上的大衣脫掉。北風認爲應該猛吹，便不斷的施展威力，一時狂風大作，那位行人爲了防禦寒冷，反而把大衣揪得死緊，任隨北風怎樣努力也徒勞無功。而南風卻只是徐徐吹拂，天空中頓時風和日麗，行人只覺暖意融融，熱度增加，繼而解開了鈕扣，脫去了厚重的大衣。

領導者教育部屬時，應像春風化雨一樣，徐徐緩緩、綿綿不絕，將自己的關懷傾注到部屬身上，只有合情合理，才能打開部屬的心扉。

運用「以情相動，循循善誘」的智慧用人術時，不能只從一些大處著手，只關心部屬的具體問題。實際上，部屬對領導者的印象，大多來自日常頻繁的細節。所以領導者要多與部屬接觸，注意自己的言行舉止，借用一些時機和場合，用自己的熱誠去關心部屬、影響部屬、感化部屬，使部屬眞切地感受到領導者溫暖的心，從而更加熱愛工作。

## 16 使用人才的怪招

### 1. 讓B級人做A級事

這是開發人才的一種成功做法。意思是讓低職者高就，目的是「壓擔子、促成長」。我們的傳統做法是量才使用、人事相宜，什麼等級的人就安排什麼等級的事。讓B級人做A級事這種做法，既不同於人才高消費，又有別於人才超負荷，比較科學，恰到好處，既使員工感到有輕微的壓力，但又不至於感到壓力過大，工作職位稍有挑戰性，有助於激勵員工奮發進取。

### 2. 業績最佳時立即調整

這是一種打破常規的做法。人才成長是有規律的，人的才能增長是有週期性的，通常一個人在一個崗位上工作的時間，以三至四年爲宜。前三年是優點相加，後三年就是缺點相加。因此，經歷也是一種財富，與其給庸才，不如給人才。適時地調整那些優秀人才的崗位和職位，對於他們不斷提高、繼續成長大有益處，這是造就複合型人才的有效方法之一。

### 3. 評選優秀的比例必須達到70％以上

長期以來，無論是機關、事業還是企業單位，每逢總結評獎的時候，優秀的比例一般都在30％以內，實施公務員制度以來，每年年度考核中定爲優秀的人數，一直控制在15％以內。這種做法似乎成了社會的慣例，得到了廣泛的認同。就在這樣一種社會背景之下，我們發現卻有少數單



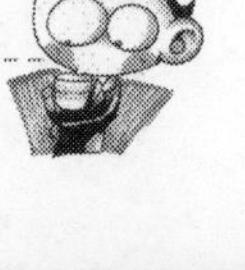

位反其道而行之，他們每年年終評爲優秀的人數，始終保持在70％以上。經過深入瞭解後發現，他們的理論依據是：應當以多數人的行爲爲正常行爲，把70％以上的員工都評爲優秀，有利於激勵多數、鞭打少數。

### 4.員工想幹什麼，就讓他們幹什麼

有人說，這還了得，員工想幹什麼就幹什麼，那還不亂了套，如果他們都想當經理、縣長、市長，哪有那麼多位置呢？這裡說的完全不是這個意思。眾所周知，在計劃經濟條件下，就業要求是作一行、愛一行，其實未必愛，不愛也無奈。如今在市場經濟條件下，擇業應當是愛一行、作一行。人才資源開發就是要營造一種寬鬆的社會環境，在可能的情況下，盡力去滿足員工的興趣、愛好和志向，喜歡幹什麼，就讓他們幹什麼，想作多久，就讓他們作多久，自主擇業，心情舒暢，才能各展其長，充分釋放自身的能量。

### 5.走動管理

這是西方當前比較流行的一種管理新方法。柯林頓較爲擅長此法。他經常是採取突然襲擊的辦法，走進白宮的各部辦公室，有時別人開會，他也偷偷地溜進去旁聽。走動管理有兩大好處：第一，可以掌握第一手材料；第二，可以增強下屬們的責任感和自豪感。

### 6.饑餓療法

所謂饑餓療法，就是說就讓下屬吃七分飽，使他們始終保持一種饑餓的狀態，這有助於增強

員工的內在活力。俗話說，慣子不孝，肥田收癟稻。溫室裡培育出來的花朵是不可能長久的。經常給下屬創造一些危機感和饑餓感，可以增強他們艱苦奮鬥、努力拼搏、不畏艱險、知難而上的精神。得之愈難，愛之愈深，患難之交情深似海，「幸福遞減律」講的就是這個意思。

### 7.領導者要有一些特殊素質

領導者具備一些特殊的素質，對開發下屬很有必要，例如「懶惰」、「簡單」等。這裡所說的「懶惰」，指的是領導者遇事不必事必躬親，該誰作的事就讓誰去作，各司其職、各負其責，給下屬一定的自主權。領導太勤快，下屬有依賴，這似乎已成規律。這裡所說的「簡單」，指的是領導者要注意發揮下屬的積極性和創造性，在部署工作時，只需要告訴他們做什麼即可，不需要告訴他們怎麼做，給下屬發揮創造才能的機會。如果領導者想的太複雜，下屬就會很簡單，這是一種相輔相成的關係。

### 第七絕

# 知人善任

Chapter 7

能否做到知人善任，是評價一個領導者是否會用人的最主要的標準。

知人善任，首先要知人，知人指的是領導者要對人才做定量的分析，

掌握其優缺點，對其有一個較全面的認識；

其次是善任，善任是指領導者根據工作的需要及人才的長處，

把人才放在合適的位置上，讓其發揮自己的能力。

做到知人善任，需要領導者有敏銳的眼光、果斷的決策和高超的領導藝術。

領導者的用人藝術雖然廣博精深，但如同任何事物的發展規律一樣，都有一定的原則和範圍。超出了這個界限，就會犯下「兵家」大忌，從而影響自己的事業發展。

清代顧嗣協在《依園七子詩選．怡雲集》中寫道：「駿馬能歷險，犁田不如牛；堅車能載重，渡河不如舟；捨長以就短，智者難爲謀，生長貴適用，切勿多苛求。」當今的領導者在用人時，要銘記歷史的教訓，以前人失敗的慘痛教訓爲鏡，避免人才的浪費，影響自己的事業。

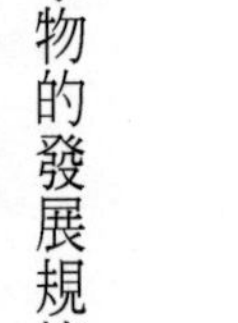

## 1 疑人不用，用人不疑

唐太宗李世民是一位十分開明的皇帝，在選用人才時經常出人意料，尤其是他善於運用權力、駕馭人才的特點，更是歷代帝王望塵莫及的治理才能。「用人不疑」是他任用賢才的一大特色。

年輕的時候，他率兵與薛仁貴作戰，一舉破城，薛仁貴被迫投降，戰爭結束後，李世民把招降而來的萬名精兵，又悉數交給來降的薛仁貴統帥，有人勸他不可這麼做，他說：「我的權勢足以令薛仁貴敬畏，我的軍隊同樣能夠再次打敗他，如果他是明智的人，絕不會再次興兵和我作對。」李世民獨排眾議，並單槍匹馬到薛仁貴軍中和將士們一起狩獵，其神色坦然、毫無疑懼。薛仁貴果然懾於李世民的威信，心甘情願地稱臣效力。

貞觀十九年，李世民親自領兵遠征遼東，讓宰相房玄齡留守京都，並授予治理京都的大權。命房玄齡得以便宜從事，不復奏請。後來，有人誣告房玄齡謀反，房玄齡查獲此人後不敢擅自處理，派人把他送到李世民的行軍駐地。李世民聽說是誣告房玄齡謀反的人，便不加審問，當即喝令手下將此人推出腰斬。之後，他又寫信給房玄齡，責備他不該如此缺乏自信，並告訴他，如果再出現這樣的事情，自己處理就行了，不必再向他稟奏。這樣的做法是在顯示李世民對房玄齡的充分信任，進而達到杜絕讒言的作用，使京城的治安更加穩定，這種借用權勢來統治人心的用人術，是古代賢明的統治者經常使用的方法之一。

李世民深知宦海詭譎多變，充滿勾心鬥角，妒賢嫉能之紛爭比比皆是，皇帝的處理方法只要稍有不慎，就可能受奸人蒙蔽、錯罰部屬。他曾經感慨地說，做皇帝難，因爲「人主惟有一心，而攻之者甚眾。或以勇力；或以辯口；或以諂諛；或以奸詐；或以嗜欲，幅奏改之，備求其信，以取寵祿。人至少小解而受其一，則危之隨之，此所以難也。」正因爲他明白這個道理，所以特別注意人才的選拔和運用。

尉遲敬德是唐朝有名的一員猛將，中國人經常把他的畫像掛在門上，以此來鎮妖驅魔，後人稱其爲「門神」。當初，他在宋金剛手下效力，武德三年率軍降唐。不久，投降軍人叛逃，有些將領懷疑尉遲敬德也要叛變，就把他囚禁起來。有人對李世民說：「尉遲敬德驍勇善戰，現在把他囚禁起來，他必會心懷怨恨，留之恐爲後患，不如索性取其性命。」

李世民卻說：「尉遲敬德若想叛變的話，恐怕早就叛變了，何必等到今日。」於是下令釋放，並賜金予尉遲敬德並鼓勵說：「大丈夫義氣相期，勿以小嫌介意。我不會聽信讒言而害忠良，如果你一定要走，我就以此金相助，以表一時共事之情。」尉遲敬德聽後大爲感動，更加忠心耿耿地輔佐李世民。

後來，李世民巡視軍陣時，王世充突然率萬名騎兵攻來，團團圍住李世民。王世充手下的猛將單雄信馭馬直刺李世民，形勢十分危急。這時，尉遲敬德拍馬上前，一矛刺中單雄信，保護李世民殺出重圍，並率兵打敗敵軍。

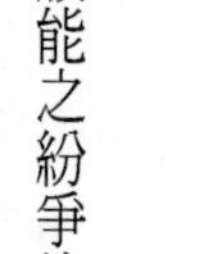

## 2 疑人也用，用人也疑

在上文中我們講了「疑人不用，用人不疑」，而今在企業管理中卻流行一個新觀點：「疑人也用，用人也疑」。這個問題的焦點是「疑」和「用」。用是目的，疑是手段。如果只是用而不疑，那企業遲早必亂；如果只疑而不用，那企業的人才必定越來越少。疑和用本來就是矛盾的統一，諸葛亮用魏延難道不疑？既然疑，爲什麼還要用他？「取其勇也」！

其實企業在用人問題上，也往往是一種「風險投資」。選聘的人，總不太可能一潭水望到底，況且人也在發展變化著，只能說基本符合條件，至於今後是否出色，還有待於實踐的檢驗。這就蘊含著一種風險，有可能事與願違，即或如此，雖有「他究竟能否作好」的疑惑，也還要用著看看，這便是「疑人也用」。疑人也用，這是廣開招納人才大門之舉，只要是有用的人才皆可以用。三國演義中甘甯曾在黃祖處任職，黃祖以「寧可劫江賊」而不重用，後甘甯投奔東吳，破黃祖而立大功；田豐爲袁紹手下的謀士，由於袁紹聽信謠言疑而不用，還殺了他，最後招致大敗。疑人，是主觀的東西，人才卻是客觀存在的。如果稍有懷疑就不用，那世間還有什麼人才可用？

而「用人也疑」，說的是企業管理中必需的監督制約機制。企業管理中，既要有激勵機制，又要有監督制約的機制，這是企業管理不可或缺的「兩個輪子」。沒有監督制約機制的管理，名

爲「放手」，實爲「放羊」。想當初英國的巴林銀行對駐新加坡的里森「用人不疑」，結果三年來他一直做假賬隱瞞虧損，最後造成八百二十七億英鎊的損失，迫使有二百年歷史的老牌巴林銀行破產。

「用人也疑」的監督制約機制，並不僅僅是針對監督人的，它體現著企業的一種完善運行機制。對任何人來說，沒有監督制約機制，就等於沒有有效的管理，「用人不疑」也就建立在盲目無序的基礎之上，最後難免要出現問題的，甚至是滅頂之災。

「用人也疑」，這是穩定大局、防微杜漸之舉。這裡的「疑」，不是通常所理解的盯梢、暗查、跟蹤之舉措，而是針對各部門、各工種的不同，估計會出現什麼問題，據此制定一系列的相互制約的規章制度，讓員工每人心中都清楚：有規章制度在監督他們。這些監督檢查，既有預期的防範，更有對工作的進一步完善。對下屬的監督檢查，主要的是考核其工作態度和成效，並注意揚長補短，更有效地發揮他的作用。從這個意義來說，「疑人也用」往往會被解釋爲放手不管，任其專幹，而「用人也疑」則是放中有管，在放和管中尋求最佳的適應度，使企業管理中的激勵機制與監督制約機制這兩個輪子和諧運轉、並行不悖。

當前，我們迫切需要在用人的機制上創新，改變傳統的人才觀、使用觀，把人才放到全球化競爭的大環境上來認識，建立起人才創新的管理機制，構建起「疑人也用，用人也疑」、更能發揮人才作用的良好氛圍。這樣，不僅能引來更多的人才，而且更能激發出各種人才的創造力。

## 3 以「克」相制的訣竅

挪威人極喜歡吃新鮮的沙丁魚，可是漁民們每次捕魚返回港口時，由於設備等原因，大部分的沙丁魚在途中就死了，只有一條船總能帶回活跳的沙丁魚，船主因此大發利市，這其中的奧秘何在呢?原來船主在裝沙丁魚的魚槽裡放了幾條鯰魚，沙丁魚因爲受到生命威脅而不停的四處竄動，從而避免窒息死亡。這個典故被現代管理學者稱爲「鯰魚效應」。

香港一家報社的主編，是善用這種管理方法的個中高手，他從事新聞工作多年，在報上發表作品的次數不下百次，因此對初出茅廬的年輕同事，總擺出一副不以爲然的態度，使得年輕人心裡對他怨恨不已。但是，他們惟一能「報復」他的機會，就是更加努力工作，處處以他爲敵手，和他在暗中較勁，如此一來，每個人在工作時都充滿了競爭之心，而那位主編卻在暗中偷笑。

原來，這位領導者所運用的，正是「以度相約」的智慧用人術，誘導部屬在工作上展開競爭，從而加快了工作效率，所取得的效果通常也相當可觀，這種激勵手段，從古至今屢試不爽。體育界中也常有這種現象，如果讓世界著名短跑名將路易斯、喬伊娜單獨跑，是絕對跑不出好成績的，只有到了高手雲集的運動場上，才能促使他們進入興奮狀態，創造佳績。

競爭的好處，在於使每個人盡最大的可能，發揮自己的優勢，它強烈刺激著每位員工的進取心，使他們力爭上游。心理學專家研究認爲，競爭可以增加百分之二十五、甚至更多的創造力，

因為每個人都有上進心、自尊心，誰都恥於落後。

## 4 身為領導，要有容人的雅量

一家大型跨國公司的部門經理，他的工作效率相當高，但也有一些員工因爲他的行爲態度而對他很不滿，甚至向上一級的領導者告狀。那位領導者深諳管理之術，處理這種事有獨特的方法，他沒有公開這些告狀信，也沒有親自調查部門經理的行爲，而是把那位部門經理叫來，並遞給他一堆告狀信。

那位部門經理工作雖然非常賣力，但沒有雅量，見部屬居然背著他向上級告狀，心裡火冒三丈，便在會議上慷慨激昂地痛斥一番。由於他的措辭尖酸刻薄、態度嚴厲，他並不指名批評哪些部屬，但他知道誰在暗中告狀。因此，寫信的人人心惶惶，生怕他乘機報復。公司領導者聽說他將此事鬧得滿城風雨，馬上把他調離了這個工作崗位，沒有激起一點浪花，就平息了這場鬧劇。俗話說：「宰相肚裡能撐船」，就是要求每位領導者能夠容納部屬提出的各種意見。

三國時代，曹操打敗袁紹以後，將曾爲袁紹寫「討曹檄文」的陳琳封了一個「從事」的小官，儘管陳琳所寫的那篇檄文被人傳頌千古，且在檄文中將曹操的祖宗數代罵得狗血淋頭，曹操也都容忍下來，並且還將袁紹所有的文書，其中有一封是他的部屬在其失勢時，寫給袁紹的通敵文書，看也不看就全燒了，充分表現出一代豪雄的豁達氣度。

今日的領導者如果能有曹操這種度量，部屬定會心存感激，從而更積極地在工作上，彌補自

己因爲一時衝動所犯下的錯誤。

上述那位部門經理的作法就欠妥當，他無形中讓職員陷入一種恐怖的氣氛中，無論是寫信或是沒有寫信的，都怕主管懷疑自己，尤其是曾經和主管有過過節的人，更怕受到影響。如果領導者堅持與部屬處在對立的局面，就會造成雙方之間的敵意，破壞主管與員工之間良好的信任關係，影響工作的進展。因此，身爲領導者，必須有一顆寬容之心，才能與部屬保持良好的工作關係，提高工作效率。

## 5 以退為進的用人策略

在日本商業界，流行一句名言：「重病、失敗、降級，三者爲選任重要幹部的必要條件。」也許有人曾提出大相逕庭的理論，認爲很多優秀的人才，並不一定都曾經歷這三種痛苦的經驗，類似這類一帆風順的想法，其實是一種錯覺，是不知大部分人的工作潛力而發的言論。

菲律賓某家工廠的紡織部門，聘請了一位日籍顧問，這位機械專家名叫藤本，他初到菲律賓時，這家工廠的廠長對他非常器重，他的業績也居於同仁之首，其工作一帆風順，地位也日益鞏固，不料幾年過後，事情卻發生逆轉，他被領導降調到一家下游企業。這是一家瀕臨倒閉、快要申請破產保護的公司，公司內部呈半歇業狀態，員工經常無事可做，藤本來到此，當然意興闌珊，幹勁大失，工作熱忱大不如前。

對於領導的這種調派，他心裡很是納悶，但又有口難言，於是他夙夜反省，試圖瞭解被領導「發配充軍」的眞正原因。

不久之後，藤本果然有所領悟，他發現自己被領導疏遠的原因，原來是在於「待人」這個方面沒有做好本分的工作，雖然他工作賣力、績效好，但在用人方面卻有些不足，經常造成一些部屬的誤解，落得個壞名聲。

藤本在理解這一層道理後不斷反省思索，他對那位廠長說：「我相信我一定能痛改前非，做

好工作。」

聽完他的話，廠長馬上露出笑容，主動與他握手致意，並和悅地說：「歡迎你返回原來的工作崗位，公司還有很多事等著你來幫忙。」當然，藤本這次重返紡織部門後，性格改變許多，與同事也能和氣相處了。

如果你是一位領導者，如何處理和部屬之間的小摩擦和小誤會呢?首先，要淡化敵對的情緒，讓情勢不致演變成雙方立場的對立。其次，要有容人的雅量，充分體貼部屬的處境和心情，關鍵之處則是在處理問題時，靈活運用適當的方法，以免造成濫施刑罰，傷害領導者與員工之間的感情。

## 6 度量知人，要有主見

曾參是事親至孝的孝子，品德崇高，他的母親從小撫養他長大，對他最爲信任和瞭解。

有一天，一個和曾參同名同姓又同鄉的人殺死了人，一名鄰居以爲是曾參幹的，就告訴曾參的母親：「你的兒子殺死人了，你還不快躲起來。」曾母不爲所動地說：「我相信自己的兒子不會殺人。」於是她照樣織布。不一會兒，又有一位遠房親戚跑來說：「不得了啦，你兒子曾參闖下大禍了。」曾母依舊照樣織布，不爲所動。可是僅隔了一會兒工夫，一素不相識的人跑來說：「曾參殺死人了。」這回，曾母害怕了，她趕緊扔下機杼，爬牆而走。後人評論說：「以曾參之賢，與母之信也，而三人疑之，則慈母亦不能信也。」曾參是出了名的賢人，他的母親又如此信任他，然而當很多人都說他殺了人時，連他的母親也不能不信。

這眞是眾口鑠金、人言可畏。領導者尤其應注意加強修養，隨時保持一種「良好」的心態，相信自己的判斷力，相信自己的部屬。

田單是戰國時期著名的政治家，在齊國情勢危急時，他能力挽狂瀾，讓襄公被封爲安平君，官拜齊相。

有一次，田單隨齊王出巡，在淄水河邊看見一位老人涉水過河，當時已是初冬季節，河水冰寒，老人上岸後不支倒地。田單急忙解下自己的袍子把老人裹起來，齊王對此舉很是反感，認爲

田單在收買人心，於是萌生殺意，不料失口被一位侍從聽見，齊王擔心風聲外傳，便聲色俱厲地問：「你聽見什麼了嗎？」那侍從不敢說沒聽見，因爲這反而會讓齊王懷疑，他乾脆回答說聽見了，並出主意說：「殺了眾所皆知的賢臣田單，只會使人更加敬重他而背離陛下。不如獎賞田單，反而能收買他的心。」齊王思之有理便依計而行，並多次駁回臣子中傷田單的奏摺，使田單甘願輔佐自己。

如果齊襄公沒有容人的度量，恐怕早就在一怒之下殺了田單，從而落得「親者恨、仇者快」的下場，失去了棟樑之才的田單後，自己的江山也只怕是朝不保夕了。

## 7 打破常規，靈活用人

任何領導者都不能容忍自己的部屬是一個沒有作爲的人。所以，如何區別有無作爲是相當重要的，因爲稍有不愼，便會流失難得的將才，有句名言：「天才與蠢材只有一線之隔。」可見賢愚難以分辨之處。

日本本田公司，是日本權威經濟刊物《日經商業》評出的優秀企業之一。公司創始人本田宗一郎，雖然已有八十多歲的高齡，但仍然才思敏捷、經營有方，使本田公司創業不到半世紀，就發展成爲世界級的企業。

本田宗一郎出生於鐵匠之家，自小就酷愛機器。他四十歲時創立了本田公司，選拔企業人才時偏愛「不正常」的人。有一次，公司在招考優秀人才時，主管人員對兩名應徵青年取捨不定，於是向本田請示，本田宗一郎毫不猶豫地回答：「用那個有缺點的人。」他認爲，正常的人發展有限，「不正常」的人反而不可限量，更能創出驚人之作。

「能力至上」的管理制度，是本田人事管理的傳統制度，這種充滿競爭意識的人事管理制度，需要領導者對被用之人有一個正確的認識，否則就會產生不良後果。

據明代陳繼儒著《讀書鏡．卷七》載，宋代李方任宰相時，選用官員有一條原則，凡是主動請求提拔任用者，雖然其才可用，也一定要嚴肅地予以拒絕，然後再找機會提拔任用。有不能任

用者，一定要和顏悅色、好言相待。官員詢問其理由時，他回答說：「任用賢者，本是皇上的事，如果我接受別人的請求，便是自己私下施恩於人，所以嚴詞拒絕，讓恩德歸於皇上；如果不能任用，其本身已大失所望，再不說上幾句叫他寬心的話，那豈不是遭人怨恨嗎？」

李方的用人術值得領導者仿效，不要以恩賜者的面孔，對待你選拔任用的部屬，必須忘記部屬是如何到你身邊的，惟有如此，才能夠解除部屬的心理負擔，創造良好的工作環境及工作成績。

## 8 用人應以大局為重

用人應以大局爲重，在對付部屬橫加干涉或引起部屬不滿的情況下，領導者要以大局爲重，還要敢作敢當，這是領導者運用人才的一個基本原則。

李牧是戰國時趙國的守邊良將。其長年鎮守邊關，以防止匈奴人入侵，李牧有權自行設置官吏，邊境地區的稅收也全歸軍隊所有。李牧親力親爲，指揮士卒騎馬射箭，嚴密看守烽火臺，並經常派人偵察匈奴的情況，他極關心部屬的疾苦，不時慰勞、犒賞他們。

匈奴人每次進犯，李牧都會命令士卒嚴密防守，不准擅自出戰。許多年過了，邊境上也沒有多大傷亡損害，可是李牧的作法，不但讓匈奴人認爲他膽小，就連他手下的兵將也認定他膽小。趙王因這件事責備李牧，但他依然如故，趙王很不滿意，於是將他調回。其後匈奴每次來犯，替代他的將領都下令出戰，造成眾多傷亡，邊境上的百姓因連年征戰，都無法耕種和放牧，哀鴻遍野、民不聊生，於是趙王再次派遣李牧鎮守邊境。李牧聲稱有病無法復命，趙王一再懇請，李牧回答：「王必用臣，臣如前，乃敢奉命」，意思是說，如果你一定要我去，那就必須讓我按照我的辦法去對付匈奴，我才願領命。趙王答應了他的要求，日後李牧不但有效的保衛了邊境安全，還伺機打了個大勝仗，嚇得匈奴十餘年不敢再犯。李牧要求趙王「以度相約」的軼聞，則成爲用人術的最佳典範。

領導者的決策在實施過程中，由於當初賴以決策的客觀條件會發生變化，領導者必須對原有的對策或方案加以進行修正，以便朝目標邁進，盲目實施必定會導致失敗，造成不可挽回的損失。因此領導者在用人時，要對決策的執行情況一邊觀察、一邊考量，密切注意事態的發展。對用人制度上出現的問題，要縱觀全局，及時進行調整，以免造成更大的損失。

## 9 疏導為主，堵塞為輔

一談起疏導與堵塞的利弊，人們往往會想起古代大禹治水的故事。當時洪水肆虐、民不聊生，舜委任大禹的父親鯀治水，鯀採用堵塞的方法來治理洪水，因沒有成功而惹來殺身之禍，大禹接手這項艱巨的任務後，吸取父親失敗的教訓，用疏導來治理洪水，終於控制了氾濫的洪水。

事實上，領導者用人和治理洪水有相似之處，一味的堵塞固然不會成功，只用疏導而不用堵塞，也未必就能奏效。道理很簡單，當水的流向不當時，大禹就一定要用堵塞，有時這樣的堵塞，才能將水疏導至正確方向。所以，領導者有時需要堵塞，有時又需要疏導，不能將兩者完全區隔，特別強調一方面或忽略另一方面。

在領導活動中，要適時的疏導或堵塞，但應該以疏導爲主、堵塞爲輔，兩者共行，相輔相成。在兩者的使用上，要防止傾向片面性的疏導，而把必要的堵塞看成是錯誤的而放棄，這樣的作法是不妥當的；反之，那種因堵塞而缺少疏導的作法同樣不可取。在這個問題上，領導者要根據用人的原則、時間、條件等情況，進行適度地取捨，仔細地分析問題和處理問題。

例如，當你手下有一名年輕職員，因過度崇拜外國人的新潮服飾而仿效時，你要從本身的文化角度、風俗習慣等方面，和他說清楚問題所在，讓年輕職員自我反省，從而改穿適合職場工作的裝束。如果嚴禁部屬穿著新潮服裝，又不分析其中的道理使他心悅誠服，反而會惡化兩人之間

的關係而影響工作。可見，單方面的堵塞，對於解決問題是弊大於利的。

但是，若部屬的行爲會立即對公司造成不良後果，導致不良影響，就要堅決且立刻禁止。例如看黃色書刊、聚眾滋事，就應該當機立斷明確制止，因爲疏導勸解只能達到有限的效果，並不是「萬靈丹」。此時如果仍然採取和緩的方式規勸部屬，必然會擴大不利的情勢。

身爲一個有事業心的領導者，在實際工作中掌握正確的用人術相當重要，只有這樣，才能避免人才的流失和浪費。

## 10 大事清楚，小事糊塗

相同的魚肉蔬菜，有的人能做出香味撲鼻、令人垂涎三尺的佳餚；有的人卻只能做出平淡乏味的家常便菜。這其中差別何在？有經驗的廚師會告訴你兩個字：火候。火候不夠，菜肴不會香甜可口；火候太過，材料又會煮爛燒糊。只有火候恰到好處時，才會色、香、味俱全。做菜如此，領導工作也是同樣的道理。運用人才需掌握時機、把握分寸，能充分靈活運用，正是身爲領導者要掌握的技巧。

清代大詩人鄭板橋有句名言：「難得糊塗」。領導工作中也有兩句名言：「大事要爭，小事要讓」，大事講原則，小事講風格。

鄭板橋所說的「糊塗」精神，就是要做到「大事清楚、小事糊塗」，但是，如果領導者沒有一定的修養、寬容的胸懷，不但做不到這一點，還會因此失去人心，造成事業危機。

《諸葛亮弔孝》是一齣名戲，戲中寫道，吳國都督周瑜被諸葛亮氣死後，諸葛亮到江東爲他弔孝，東吳一班大臣想乘機報復，殺死諸葛亮，但魯肅並不同意，而且還保護諸葛亮安全離開江東。有些人斥責魯肅糊塗，但諸葛亮卻稱讚他站得高、看得遠，是「難得糊塗」的大夫！

這齣戲裡，魯肅正是有過人的寬容，才能分清形勢、審度環境，因爲他深知吳蜀聯盟的意義遠勝於報復。

關羽遇害後，東吳的孫權面臨被蜀魏夾擊的危機，此時孫權爲了擺脫劣勢，忍辱負重，在政治上和外交上採取一連串靈活的手段，鬥爭策略運用極爲成功。

古代善於行兵打仗的領導者，在收服人心時不惜禮賢下士、降貴以求，就連敵人也不例外。尤其運用在投降者身上，更是須要表現出寬容大度的風格。

使用智慧用人術時，要充分瞭解部屬的個性，利用他們的長處要注意分寸，不能毫無限度地讓其發揮，避免危及領導者的地位，造成企業巨大的損失。

個性特別突出者，你在任用時，可依具體情況，合理地改變他的工作環境，避免造成部屬功勞大過領導者的尷尬局面。

## 11 兼聽則明，三省吾身

唐太宗貞觀二年，李世民曾問魏徵：「人主何爲而明？何爲而暗？」魏徵回答：「兼聽則明，偏聽則暗。」魏徵又說，堯舜能體察民情，經常訪問民間疾苦，所以孰惡孰善，了然於心，故小人不得以猖獗。「是故君兼聽廣納，則貴臣不得擁蔽，而下情得以上達也」。意思是說，用人者忌偏聽偏信，容易讓心術不正的部屬有機可乘，久而久之，奸佞諂媚之人官高權重，領導必然被小人所包圍，事業自然也就難以有所成就。

齊威王曾經分派兩名部屬分守兩個地方，並不時考察他們的政績。墨城太守和阿城太守各自執行齊王的命令，不久，墨城太守的一些部屬，便向齊威王說太守的壞話。而阿城太守的部屬則大肆宣揚太守的政績。齊威王親自派人瞭解具體情況後，心中有數，他一面派人請兩位太守回朝，一面架起一口鍋，將鍋裡的水燒得直冒熱氣。

兩位太守到後，齊威王說：「墨城太守因爲公正無私，不肯給部屬額外的好處，所以他們才會講你的壞話，我派人到墨城去，發現那裡農作物豐收，人民安居樂業。而阿城太守花錢賄賂身邊的人，致使他們替你遮掩缺點，實際上轄下卻是民不聊生。」說完後，便下令把阿城太守投入鍋中煮死。

領導者平時要注意考察部屬的業績，記其功過，力求客觀公正的使用人才。當然，要做到不

偏聽、偏信，最重要的還在於用人者自己要勤於反省。清代人魏源曾說：「有以兼聽而得，有以兼聽而失；有以獨斷而成，有以獨斷而敗。言當以執兩爲兼聽，而不以狐疑爲兼聽。」

能否做到不偏聽、偏信，與用人者的自我修養有密切關係。惟有領導者謙恭下士、三省吾身、兢兢業業、公正無私才能辦到。



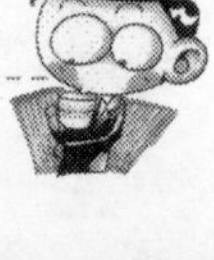

## 12 身為領導應果斷決策

晏嬰是齊國的宰相，也是歷史上有名的賢相，他曾推薦田穰苴爲齊將。齊景公召來田穰苴講論兵事，發現他的確是個將才，便即刻命他率兵抗敵。

田穰苴說：「我本是一介武夫，你一下子提拔我爲將軍，位在大夫之上，恐陷人微權輕，不足以統兵御將，還是派你的寵臣來監軍吧。」齊景公答應了他的要求，派近臣莊賈爲監軍，田穰苴與莊賈相約：「明日午時出發，請與監軍軍門相會。」

他回到軍中整頓兵馬，等待第二天出發。莊賈平日在齊王身邊驕橫慣了，第二天將出征，親戚朋友爭相替他餞行，他左右應酬，早把約定的時間忘得一乾二淨，等他來到軍中已經耽誤了時辰。田穰苴斥責他說：「將受命三日則忘其家，監軍約束則忘其親。今敵國入侵，國內騷動，士卒暴露於境，國君寢不安席、食不知味，百姓都盼早日揮軍退敵，你怎麼能違犯軍法呢？」並且問軍正此該當何罪，軍正答道：「當斬！」

莊賈一聽嚇壞了，忙叫人快馬馳報景公搬救兵，然而沒等齊景公的使者趕到，莊賈已經人頭落地！使者持節闖入軍營責問，田穰苴說：「將在外，君命有所不受。」又問軍正：「軍中馳馬該當何罪？」軍正說：「當斬！」使者大懼，手下人紛紛勸說：「君之使不可殺。」於是就殺了僕人，以示軍紀，如此一來，軍令整肅。由於田穰苴愛護將士，齊軍所向披靡，得勝凱旋歸來。

這故事說明一個道理，領導者用人切忌優柔寡斷，用人不疑，既然任用部屬，就不該牽制他，使部屬無法安心完成交付的任務。俗話說：「老虎雖然厲害，如果猶豫不決，還不如一隻野蜂。」

劉邦登上帝位後，久有殺韓信之心。韓信手下蒯通勸韓信早日自立，韓信猶豫不決，最後走向滅亡之途。驅使賢才也是如此，遲疑不決是一大忌。

## 13 身為領導，要抓大放小

漢宣帝的丞相丙吉很有才能。有一次丙吉出門，碰到一群人在路上鬥毆，一個個頭破血流，還有好幾個躺在地上奄奄一息。隨行的人心想，這幫傢伙可要倒楣了。

不料丙吉就像沒有看見一樣，照樣趕路。走後不遠，看見有人趕著一群牛在路上行走，牛累得氣喘咻咻、直吐白沫，舌頭都伸了出來。丙吉趕忙叫車夫停下車，派人去詢問趕牛人：牛從哪裡來．準備趕往哪裡去？今天已經走了多少路？部屬覺得他的作法很奇怪，就問他是什麼道理。

丙吉說：「那群人鬥毆，自然有地方官懲治，丞相的職責在於管理官吏，評論其績效，奏請皇上有功行賞，有罪罰罪，那種小事不在我的職責之內，而耕牛則關係國民生計，重則影響農耕，所以應該過問。」

這則典故說明，用人者首先要考慮的是，如何使用人才和考察人才，千萬不可越俎代庖，陷入不必要的瑣事中。一代名臣諸葛亮正是身陷小事之中，導致過度操勞而死的，他雖然聰明過人，卻犯了一個大忌，就是事必躬親，什麼事都要過問，大到行軍打仗，小到校對簿書，甚至連行刑時都要親自監督，以致勞累成疾，英年早逝。

智慧用人術中的大忌很多，主要的有好察微隱、求全責備、偏聽偏信、陷人於法、任人唯親、以言貌取人等等。領導者千萬要記住，在具體選擇人才和任用人才時，不能犯下這些大忌，否則後果難以預料。

## 14 容人之短，用人之長

楚莊王有一次大宴群臣，令其愛妾許姬敬酒，恰遇風吹燭滅，黑暗中有人拉了許姬飄舞起來的衣袖，許姬順手摘下那人的帽纓，並要楚莊王掌燈追查。楚莊王說：「酒後狂態，人之常情，不足爲怪。」並請群臣都摘下帽纓後再掌燈。不久，吳國侵犯楚國，有個叫唐狡的將軍屢建戰功後，對楚莊王說：「臣乃先殿上絕纓者也。」

寬容，這是領導者的一種美德和修養。「宰相肚裡能撐船」這句俗語，就形象地說明領導者要有寬大的胸懷和氣量。倘若楚莊王沒有寬廣的胸懷和氣量，就不可能有衛國戍邊中戰功顯赫的唐狡。領導寬容待人，就是在組織內部創造友好和諧的氣氛、民主平等的環境，這不僅是工作順利開展的重要保證，而且有助於解除下屬的後顧之憂，並最大限度地發揮他們的聰明才智。

劉邦在打敗項羽的慶功宴會上，向群臣表示：「運籌帷幄，我不如張良；決勝於千里之外，我不如韓信；籌集糧草銀餉，我不如蕭何。而他們都被我所用，這就是我得天下的原因。」

美國南北戰爭期間，林肯爲了穩健，一直任用那些沒有缺點的人任北軍的統帥。可事與願違，他所選拔的這些統帥，在擁有人力物力優勢的情況下，一個個接連被南軍的將領打敗，有一次幾乎還丟了首都華盛頓。林肯很震驚，經過分析，他發現南軍將領都是有明顯缺點、同時又具有個人特長的人，總司令李將軍善用其長，所以能連連取勝。於是林肯毅然任命格蘭特將軍爲總

司令。當時有人告訴他，此人嗜酒貪杯，難當大任。林肯何嘗不知道酗酒可能誤大事？但他更清楚在諸將領中，唯格蘭特將軍是決勝千里的帥才。後來的事實證明，格蘭特將軍的受命，正是南北戰爭的轉捩點。

人的成長受多種因素的影響和制約，因此一個人諸方面發展是不平衡的，必然有所長和有所短。一個人如果沒有缺點，那麼他也就沒有優點。現實的情況是：缺點越突出的人，其優點也越突出，有高峰必有低谷。一個領導者在用人時，若能有「容人之短」的度量和「用人之長」的膽識，就會找到幫助自己獲取成功的滿意之人。

國家圖書館出版品預行編目資料

慧眼識才：知人善任的用人之道 / 劉瑩著. -- 初版. -- 新北市：華夏出版有限公司, 2023.07

面；　公分. --（Sunny 文庫；286）

ISBN 978-626-7134-77-1（平裝）

1.CST：人事管理

494.3　　111020780

Sunny 文庫 286

慧眼識才：知人善任的用人之道

著　作　劉瑩

印　刷　百通科技股份有限公司

電話：02-86926066 傳真：02-86926016

出　版　華夏出版有限公司

220 新北市板橋區縣民大道 3 段 93 巷 30 弄 25 號 1 樓

電話：02-32343788　傳真：02-22234544

E-mail：pftwsdom@ms7.hinet.net

總 經 銷　貿騰發賣股份有限公司

新北市 235 中和區立德街 136 號 6 樓

電話：02-82275988　傳真：02-82275989

網址：www.namode.com

版　次　2023 年 7 月初版一刷

特　價　新台幣 320 元（缺頁或破損的書，請寄回更換）

ISBN-13：978-626-7134-77-1